シリーズ21世紀の農学

環境の保全と修復に貢献する農学研究

日本農学会編

養賢堂

目　次

はじめに ……………………………………………………………………… 3

第1章　砂漠化に学ぶ大規模災害の社会生態学的視点 …………………… 1
第2章　有害有毒赤潮の発生から沿岸域を守る …………………………… 29
第3章　微生物を活用して三宅島噴火跡地の緑を回復する ……………… 49
第4章　アジアの米を土壌汚染から守れ …………………………………… 65
第5章　半乾燥地における水との賢いつきあい方〜「水土の知」を整える … 85
第6章　西アフリカの脆弱基盤に生きる知恵 ……………………………… 101
第7章　津波による海岸林の被害と復興 …………………………………… 119
第8章　放射能汚染土壌の環境修復を目指して …………………………… 141
農における業（なりわい）と業（ごう）の調整　−総合討論から− ……… 159
著者プロフィール …………………………………………………………… 165

はじめに

大熊 幹章
日本農学会会長

　現在，発展途上国を中心に世界の人口増加が急速に進む中で地球環境の劣化，資源の枯渇，そして生物多様性の減退が加速度的に進行し，人類生存の危機到来が叫ばれています．このような状況のもとで，人類の持続的発展を期すためには環境保全と資源の安定的確保，自然との共生を実現する循環型社会の創成が強く望まれ，その実現は全人類的課題となっています．生物生産と環境保全の技術の高度化を目指し，もって生物を基本に置く循環型社会の形成を目指す「農学」の重要性は日ごと増大してきていることは明らかであります．

　日本農学会は，狭義の農学はもとより農芸化学，獣医・畜産学，水産学，林学，農業工学，農業経済学，さらには広く生物生産，生物環境，バイオテクノロジーの各分野に関わる基礎から応用に至る広範な学術分野をカバーする 51 の農学系学会の連合体であり，会員学会間の情報交換，各学会活動の連携，集約，広報等の活動に努めてきました．その学会活動の一つとして日本農学会では，日本の農学が当面する様々な課題をテーマに掲げ，そのテーマに精通した研究者に講演をお願いし，学生，院生，若手研究者，さらには農学に関心を持つ一般の方々を対象としたシンポジウムを平成 17 年度から毎年秋季に開催してまいりました．

　さて，今，地球上では，温暖化や砂漠化，土壌汚染などに代表される環境問題が深刻化しています．そこで，平成 23 年度は「環境の保全と修復に貢献する農

学研究」と題して秋のシンポジウムを開催いたしました．

　長年にわたる人類の文明の高度化を目指す種々の活動が，地球環境劣化を加速せしめていることは確かであります．そしてこの地球環境劣化が，土地や土壌の持つ生物扶養力・浄化機能を劣化せしめ，農業生産に打撃を与えて 21 世紀における人類，全生命体の生存基盤を危うくしていることも確かであります．さらに我が国では，平成 23 年 3 月 11 日に宮城沖で発生した巨大地震は津波と原発事故を引き起こし，農業・水産業・畜産業等に未曾有の被害を与えました．

　本シンポジウムでは，地球上の多様な生態系に観られる様々な環境劣化プロセスを提示するとともに，環境の持つ保全機能を人為的に修復するための手法を明らかにし，それぞれの環境と調和した 21 世紀の自然資源利用のあり方を社会へ提言することを目的としました．それぞれの課題の中で，大震災からの復興に向けて農学が果たす役割についても可能な限り言及いたしました．特に，第 3 部におきましては，東日本大震災によって引き起こされた津波による海岸林の被害，および原発事故による土壌の放射能汚染問題を取り上げ，早急の復旧・復興を目指して，科学者の視点から考察いたしました．

　ここに，シンポジウムにおける講演と討論の概要をまとめ，「シリーズ 21 世紀の農学」の 1 冊として刊行いたします．本書の刊行によって，環境の保全と修復に貢献する農学研究に対する社会からの理解が一段と深まることを期待いたしております．

2012 年 3 月

第1章
砂漠化に学ぶ大規模災害の社会生態学的視点

小林達明

千葉大学大学院園芸学研究科

1. 砂漠化の背景としての生態的構造：モンゴルと漢の世界の違い

　砂漠化は地球環境問題と言われるが，その実態はわが国ではあまりよく知られていない．一方，中国では砂漠化した土地は国土の27％，260万km^2あり，砂漠化による年間の経済的損失は数百億元（数千億円）に達する現実的な大規模災害である（王・吉川，2011）．これに対して長く取組がなされてきたが，取組の考え方は時代によって変遷してきた．本稿では，内蒙古ムウス砂地を例にとって，砂漠化の背景になる生態的構造についてふれたのち，時代を「人民公社の時代」「改革開放経済の時代」「環境の時代」の3つに区分して，取組の変化によって地域でどのようなことが起き，人々はどのように対応したのか検討する．そのような地域の視点から，大規模災害の対処について考えたい．

　なお，本稿では，漢語およびモンゴル語の言葉がたびたびでてくるが，モンゴル語については，書名や論文名をのぞき，その発音に近い日本語カタカナ表記を行う．漢語は日本語と文字を共有することから，原則として漢字表記し，わかりにくい場合は括弧付きで発音を示す．すべて漢字でなくモンゴル語の音も取り入れたのは，それがモンゴル語で重要な意味を持つことがあり，漢字表現では意味が理解できないためである．

　中国内蒙古のムウス砂地は，年降水量が362mm，年平均気温が6.4℃であり，

東アジアの湿潤−乾燥温帯のエコトーンに位置している．中国では砂漠を広義には「荒漠」とよんでおり，さらに「沙漠」「ゴビ」「沙地」に分類している．「沙漠」と「ゴビ」は気候的な乾燥地域に属しており，基質が砂か礫であるかによって分ける．「沙地」は非成帯的なもので，自然条件に人為的な条件が加わって砂漠的な景観を呈するようになった地区である．本稿でもちいる砂地は漢語の「沙地」に対応する．ムウス砂地は温帯草原帯に属しており，植生が自然に発達するが，典型草原は少なく，湿性草原や砂質草原，草原化砂漠といった各種草地植生類型がモザイク状に分布している．そうした植生が何らかの原因によって衰退し，浸食現象が卓越した場合に問題となる．

行政的には，ムウス砂地は内蒙古自治区オルドス市に含まれ，大部分がウシン旗の領域と重なっている．2000年代はじめまで，オルドス市はイフジョー盟と呼ばれた．イフジョー盟の中心都市は当時，東勝市と呼ばれた．盟や旗というのは漢語であり，清朝の行政単位がそのまま残されたものである．盟のスケールはモンゴル語ではアイマグでと言い，いくつかの旗を含む．中国の市は日本の市に相当するが，オルドス市のように広い範囲をカバーすることもある．旗はホショーであり，古くは遊牧域とほぼ対応している．漢語域では県が相当する．その下の村の単位がソムで，漢語域では郷がそれにあたる．さらにその下の地区に相当する単位はガチャという．

ムウス砂地は黄河大屈曲部に囲まれたオルドス台地上に分布し，面積は約4万km^2である（図1.1）．この地域の西，黄河を渡ると，そこにはアラシャン砂漠があり，南東には黄土高原がある．オルドス台地は標高1,000m前後のテーブル状の地形である．中生代ジュラ紀・白亜紀には，オルドス台地の位置には巨大な湖があり，その時代の堆積物がムウス砂地の基岩となる砂岩を形成したとされている．第三紀には東アジアの隆起が進むが，その中でオルドス台地の大地形は形成された．

第四紀の氷河期には乾燥した気候条件が出現し，当時ムウス砂地の範囲は本当の砂漠となり，全面的に砂丘が流動していたと考えられている．そのような環境で粒径の細かい土粒子が飛ばされ，風下に大量に堆積したのが現在の黄土高原である．したがってムウス砂地と黄土高原は隣接している．しかし，その土質は前

第1章　砂漠化に学ぶ大規模災害の社会生態学的視点　　（3）

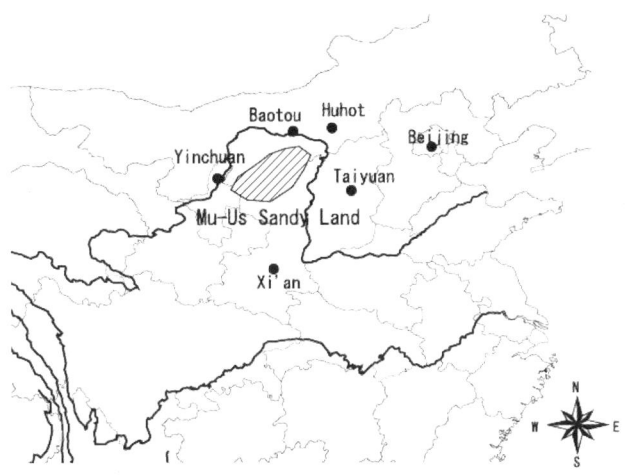

図1.1　ムウス砂地の位置（斜線部）

者が砂，後者が黄土と著しく異なり，保水力や肥沃度も異なるので，異なる生態的条件を形作り，全く異なった社会と文化が形成された．すなわち，前者ではモンゴル族による牧畜社会が形成され，後者では漢族による農耕社会が形成された．

万里の長城はムウス砂地と黄土高原の境界を走っている（図1.2）．長城の北，ムウス砂地では，貧栄養で保水力もない砂地のため，作物の成長は悪い．ここでは，牧民が家畜を使ってまばらに分布する植物資源を収集利用する牧畜が生活の基盤である．人口密度は低く，内蒙古自治区に属しており，住民はモンゴル語を話す．

黄土はカルシウム等の塩基に富み，保水力に優れるために，農耕に適しており，黄土高原では，丘陵全体を覆うように段々畑が広がっている．伝統的にはアワやキビなどの雑穀が

図1.2　黄土高原の浸食によって分断された万里の長城

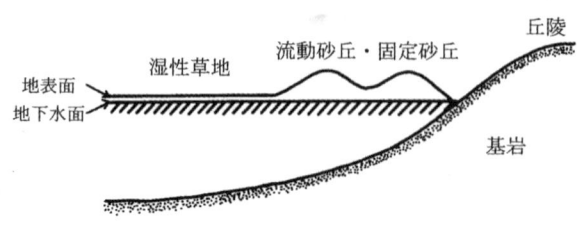

図1.3 ムウス砂地の主要な景観要素

栽培され，高い農業生産を上げてきた．複雑な耕起法の組み合わせによって，雨を土層に浸透させ，蒸発を防いで保水し，有効に土壌水分を利用する農法が伝統的にとられてきた（小林，2000）．人口密度は高く，陝西省に属しており，住民は漢語を話す．

長城の両側では産物が違うために，国境の楡林の町には定期的に茶馬市がたった．モンゴルではミルク茶がよく飲まれるが，茶は当地では栽培できず，磚（＝レンガの意）茶という固めた茶を漢側から購入する．一方，漢側でも必須の馬はモンゴル側から調達された．絹布と羊毛・家畜の交換なども行われていた．境界域の漢族の畑は，休閑季には，モンゴル族の放牧地としても利用されたりしていたようである．ちなみにモンゴルのミルク茶は塩味であり，そこにアワやチーズや干し肉を入れたりする．つまり，お茶というよりスープといった方が適切な食べものである．

このように両者は相互依存的な関係にあったが，黄土高原の人口が多いため，モンゴル側は常に漢族の人口圧にさらされていた．

ムウス砂地の大部分は 図1.3のような景観区分でおおまかに整理できる（小林，1990）．基盤となるオルドス台地の地質学的基盤はたいへん安定しており，全体に平坦な台地をなしている．その上に，モンゴル語でいうシリ，チャイダム，マンハ，パラの4つの地形が展開している．

シリとはモンゴル語で硬い地質の丘陵地のことであり，基岩である中生代起源の砂岩が露出した丘陵地である．丘陵地は浸食地形であり乾燥している．植生ではマメ科潅木，檸条（*Caragana korshinskii*）が量的に多いことが特徴である．

チャイダムは湿性の草地，マンハは流動砂丘，パラは固定砂丘地であり，いず

れも第四紀堆積地形である．

　湿性草地は特に地下水位が高い場所に発達する．イネ科草本を中心に植物の生産量が高く，主要な放牧地となっている（図 1.4）．一部では，ヤナギ属の低木である砂柳（*Salix psammophyla*）などの群落が発達しており，そのような景観は柳湾林と呼ばれている．ムウスという地名はモンゴル語で

図 1.4　湿性草地と流動砂丘

悪い水という意味である．モンゴル社会では伝統的に馬が重要な家畜であり交通手段であるが，当地では沼地が多く，馬の通行にとって悪い土地だという意味だという．

　砂丘はその流動性によって，移動砂丘と固定砂丘に分類できる．当地では最も活動の活発な砂丘では，春季の強い内陸からの季節風に促されて，南東方向に約 1m 移動する．移動砂丘は植生にほとんど覆われておらず，あっても 1 年生の草本か一部の砂生根茎植物に限られる．固定砂丘の表面は風積土層が薄く（10cm 程度）覆っており，キク科の油蒿（黒砂蒿，*Artemisia ordosica*）やヒノキ科の臭柏（*Sabina vulgaris*）などが優占している．植物の生産力は高くないが，湿性草地のない場所や冬季には放牧地として機能している．

　当地にはオボと言って，小丘を祭る伝統がある．特に豊かな植生に覆われた固定砂丘は崇拝の対象になる（図 1.5）．このような伝統も固定砂丘の保全に役立ったとす

図 1.5　オボ．祭られた臭柏の固定砂丘

る意見が現地にはある.

2. 砂漠化の原因と土地保全の考え方：人民公社時代の認識

すでに述べたように，当地では降水量が比較的多いので，植生遷移が進行する（図 1.6）．ここでは植物の侵入を阻害する主たる要因は，砂の流動である．砂の流動は風速に強く依存している．砂の流動量は風速の増加に対して指数関数的に増加するから，風速が多少抑えられれば，砂の運動量は急激に抑制される．また，砂の流動量は砂丘表面で最も多く，高さが増すにつれ，指数的に減少する．流砂の 80～90％は砂丘表面から 10cm の間で運ばれる（呉，1984）．これらのことから，砂丘表面に植物が進入を始めると，砂丘表面の風速が減少し，砂の流動は急激に抑えられる．

油蒿はムウス砂地で最も広く分布する植物群落だが，砂丘の安定化過程と強く結びついた植物である．その個体群動態と砂丘の流動についての研究から，油蒿は砂の流動性が年間 20cm 以下になってはじめて見られ，10cm 以下のところで多かった（Kobayashi et al., 1995）．このような条件になれば，植生の侵入はさらに容易になり遷移は加速し，さらには表層に土壌層が発達するようになる．いっぽう，植生が失われ，さらには，地表流による浸食や人為的な耕起によって表層土壌が破壊され，下層の砂層が出現すると，この地域特有の強い季節風によって急速に風食が進行する．

ムウス砂地域に対する入植の圧力はあったものの，19 世紀末まで，清朝政府は内蒙古への漢族の無原則な入植を許してはいなかった．しかし，当時の清国は日清戦争に敗れて，多大な戦費とともに国全体の当時の歳

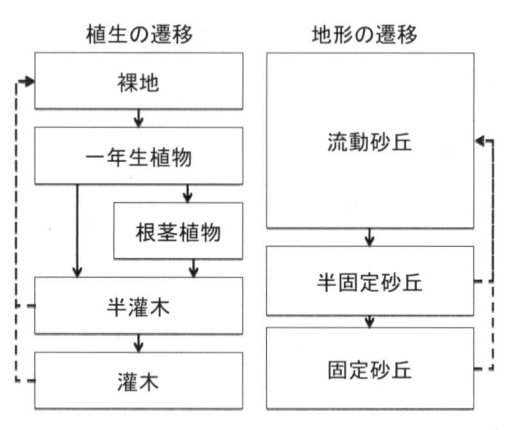

図 1.6 ムウス砂地の植生と地形の遷移

入の3年分にあたる賠償金を日本に支払うことになった．国家財政が著しく悪化した清国は，1901年になるとそれまでの政策を転換し，モンゴル族の居住する牧区の払い下げ事業を始めた（白岩，1998）．これにたいしてモンゴル族からは広汎な反対が起きたが，とりわけイフジョー盟では，1905年に武装蜂起が起きた．

入植者による農耕は「遊耕」とよばれる粗放な方式であった．春季に土地を開墾し，播種を行った後，一旦家へ戻り，秋を待って収穫するというやり方である．こうした方法は固定砂丘地を対象に主に行われたが，1～2年で地力は低下し，すぐに放棄された．放棄された畑は地表の被覆をもたず，表面の風積土層（図1.7）が掘り起こされているため，急速に風食が進んだ．図1.6の破線の過程である．そうなると，入植者は新たな土地をさらに開墾する．このような繰り返しで，農耕が広汎に展開したことによって砂漠化が進行したと言われていた（張，1980）．

1980年代はじめのムウス砂地の砂漠化に関する基本的な文献，「鄂尔多斯地区沙漠化及其控制問題」や「毛烏素沙区自然条件及其改良利用」の認識は以上のようなものだった．この時点での過放牧に対する認識は強くなかった．

人民公社の時代のイフジョー盟政府の土地利用に関する考え方は，「植樹，植草，基本田」「以牧為主」「禁止開荒」という言葉にまとめられる（林，1983）．すなわち，第一に，新たな開墾を禁止し，牧畜と林業中心に進める．第二に，草地の使用権を牧家に固定し，柵囲いして，草地の管理・維持に関する牧民の意識・努力の向上をはかる．家畜数の無理な増加を避け，むしろその質を向上させる．草地の再生をプログラムに組み込んだ輪牧を導入し，採草地を設けるなどして計画的な草地経営を行う．柵囲いした草地のことを「草庫倫（ゾゥクーロン）」という．第三に，生産性が高くかつ地力維持に役立つ草

図1.7　固定砂丘に形成された表土層

種を導入して，草地の改良をはかる．

　第四には，砂漠化の危険性が低く，生産性も高い地下水位が1m前後の草地を中心に農業生産基地を建設する．固定砂丘では土地の全面耕作方式を改め，畑一枚の面積を小さくし，在来の植生を残すようにし，浸食に対する耐性を高める（風界子）．防風林を設置して土壌の風食を防ぐ．秋の収穫時に切り株をそのまま残して耕作面を保護し，冬～春の強風時の浸食を軽減する．

　第五に，農地・牧野の保護，砂丘の固定のために緑化造林事業を進める．集落や農地の周辺を中心に防風・防砂林が造成する．その植栽木の主力は旱柳（*Salix matsudana*）であり，大枝をもちいた直ざし造林が行われる．葉は家畜の冬越しの飼料になり，枝は燃料や木質材料となる多目的の緑化方法である（小林ら，1989）．樹冠が家畜の届かない高さに形成されるので，食害を避けることができ，計画的な飼料生産に効果的で「空中草場」と称揚された（図1.8）．

　放牧地の周辺などでは，砂丘の運動を利用して自然に流砂を治める「前をおさえ後ろをひく」方法が開発された（姚，1986）．この方法では砂丘の下部にしか植栽を行わない．こうすると砂丘下部の浸食が抑制され，上部の浸食は進むので，砂丘は次第に高さを減じて平らになっていく（図1.9）．平坦化が進むとさらに植栽を進める．風食作用を利用した砂丘固定方法である．

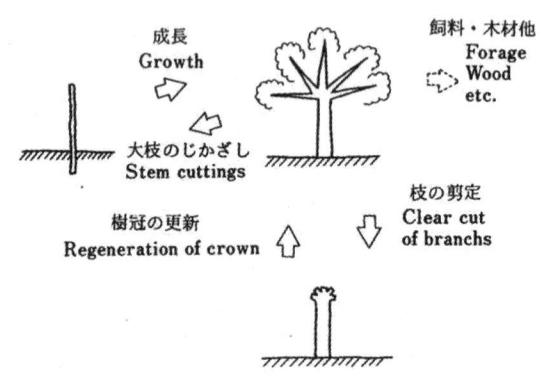

図1.8　旱柳の大枝じかざし造林法の概念（小林，1989より転載）

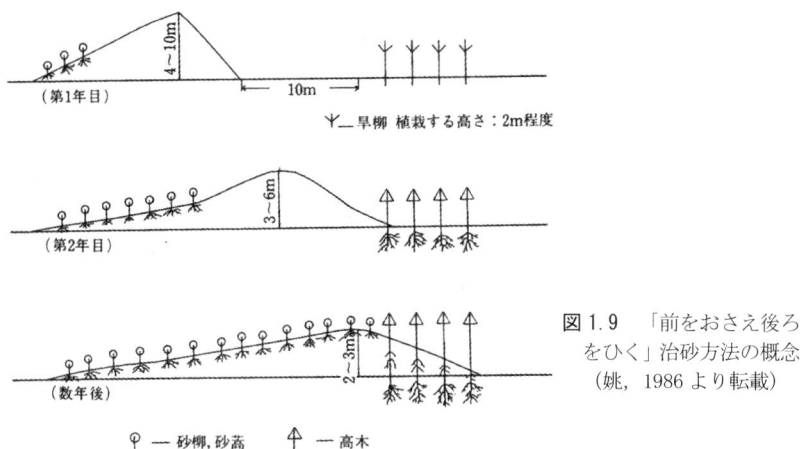

図1.9 「前をおさえ後ろをひく」治砂方法の概念 (姚, 1986より転載)

3. 過放牧：改革開放経済下の砂漠化プロセス

新中国成立直後，ウシン旗の人口は三万人以下で，総家畜数は25万頭以下だった（図1.10）．ウシン旗の面積は三万km²だから，人口密度は平方キロあたり

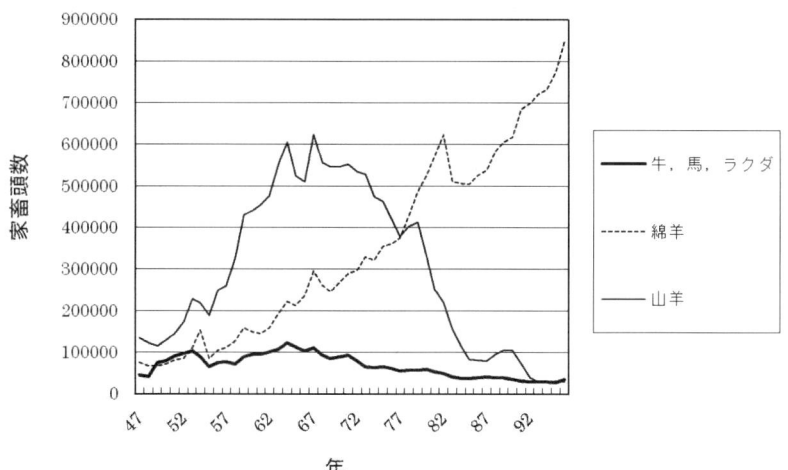

図1.10 ウシン旗の家畜数の経年変化（伊盟地志編委, 1994より作成）

一人以下だった．その当時の牧野は，家畜収容力を下回る余裕のある状態だったと考えられる．その後，人と家畜の数は急激に増加していった．1960年以降，中国では農村居住者の移住がきびしく制限され，1972年からは一人っ子政策によって出生が抑制されたが，1990年代終わりの当地の人口は1940年代の三倍になった．のちに述べるように過小に評価されていると思われる統計上の家畜頭数は，それでも，1990年代には90万頭へと4倍増加した（伊盟地誌編委，1994）．

土地所有，土地利用の制度はこの60年間で大きく変化した．1940年代まで，一部の地主によって牧野は占有され，牧民は家畜を借り受け，そのような牧野で遊牧していたと言われている．新中国成立後，牧野は解放されたが，1952年は合作社，1958年には人民公社へと土地と生産の共同化が推進された．その間，ウシン旗では牧民の定住化が推進され，遊牧のくらしは姿を消した．しかし，土地の分割は行われず，人々は広い範囲で家畜の放牧を行うことができた．

社会主義経済の行き詰まりと1976年の毛沢東の死去というできごとを経て，1970年代末から，中国は政策を改革開放路線へと転換する．ウシン旗においても，1981年から83年にかけて人民公社が解体され，農牧民に土地を分配して，生産責任制が始まった．同時に草原の柵囲いも進んでいった．生産責任制度では，5年に一度，土地面積の見直しはあるものの，農牧民各戸に家族人数などに見合った土地と家畜が分配された．この制度は発展して，1997年に土地請負耕作・放牧制度が始まった．「草牧場承包合同書」という請負放牧契約書が，牧家と政府の間で交わされ，30年間の土地の利用が認められた．この契約書には土地の地割を示す概略図とともに，土地面積が，草地，砂地，農地などの地目に分けて記載されている．草地は1ムーあたり0.2元，農地は1ムーあたり8元というように，それらの地目によって課税額が異なるが，この契約書は租税台帳の役割も果たしている．

砂漠化について，砂漠化の主要因は不適切な農耕様式の導入によると過去には言われていたが，気候変化や燃料採取，過放牧などが現在の砂漠化の原因ではないかとする考え方が，中国でも1980年代初頭よりあらわれ始めた（例えば，黄ら，1980）．家畜頭数が明確に増加している背景から，特に過放牧がその要因として疑われた．しかし，草地に収容可能な頭数については，文献によって著しく

数値が異なっていた. 例えば, 李・高 (1990) は, 草地の生産力と羊の食餌量の関係から, ムウス砂地における家畜の収容力を, 質の良い草地でも1haあたり1頭としている. 一方, 大黒・根本 (1996) は, 内蒙古東部のホルチン砂地における放牧実験から1haあたり4頭という数値をだしている. 現在進行中の砂漠化の原因を解明し, 草原の家畜許容量を検討するために, 衛星画像データの分析と現地調査を用いた研究を行った (Kobayashi et al., 2005).

生産責任制導入前後の変化を調べるために, 1978年8月LANDSAT/MSSデータと1996年8月LANDSAT/TMデータを比較した. それぞれの画像のマルチバンド情報をもとに土地被覆を判別し, ムウス砂地域の陸面を裸地域と植被域とその中間の半植被域に分類し, 78年画像の植被域から96年画像の裸地域へ変化した部分を砂漠化域, 逆に裸地域から植被域へ変化した部分を緑化域として抽出した. また1984年に発行された「毛烏素沙区自然条件及其改良利用」付属の土地類型, 植生, 土壌等の主題図をGIS化した. さらにウシン旗政府より, 村の人口, 家畜頭数等の統計データを取得した. これらのデータから砂漠化域, 緑化域の成立要因の分析を行った.

次に現地調査用のナビゲーションマップを作成した. 96年TM画像をGISに読み取り, 緯度・経度メッシュとスケール, 主要道路を入力して三十万分の一の衛星画像地図を作製した. その上に, さまざま段階の砂漠化域, 緑化域, 安定域から約20箇所を調査予定地としてプロットした. 2000年9月に, マップとGPSを携行して現地を訪問し, 予定調査地にて植生・土壌調査ならびに近隣牧家へのインタビュー調査を行った. それまでの調査では,

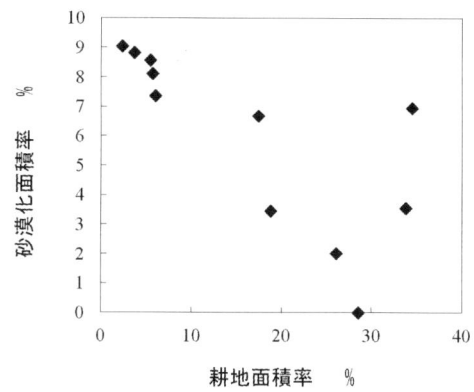

図1.11 政府統計より作成した村ごとの耕地面積率と砂漠化面積率の関係
(Kobayashi et al., 2005より一部改変)

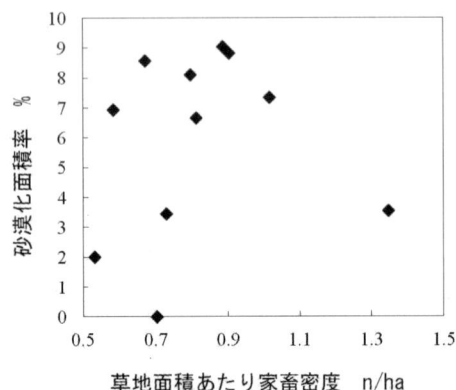

図 1.12 政府統計より作成した村ごとの草地面積あたり家畜密度と砂漠化面積率の関係
(Kobayashi et al., 2005 より一部改変)

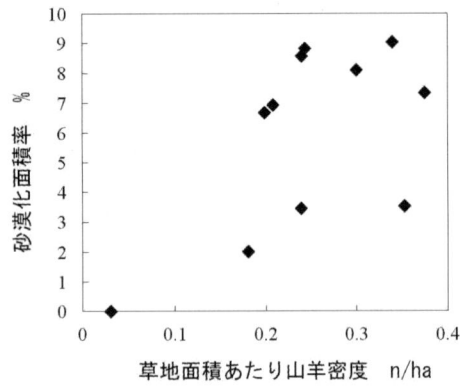

図 1.13 政府統計より作成した村ごとの草地面積あたり山羊密度と砂漠化面積率の関係
(Kobayashi et al., 2005 より一部改変)

中国側が調査地を選んでいたが,先方の事情でバイアスのかかった調査地が選ばれがちだった.新しい調査法では,そのような意図が入る余地なく,実際の砂漠化状況にしたがって調査地が選定できた.

1978年と1996年の比較から,砂漠化は主に固定砂丘の部分で生じていた.1978年時に平地上の固定砂丘地と分類された領域の 10 % が植被を失って流動砂丘に変化していた.

村ごとの統計との関係では,11 の村のうち 10 の村で,耕地面積率と砂漠化面積率が負の相関関係にあった(図1.11).例外の1つの村はもともと砂丘が多い南部の村だった.この結果から,従来,耕地化が砂漠化の主因と言われてきたが,現在では,それはむしろ砂漠化を抑制し,緑化を促進する働きがあると言える.

一方,砂漠化面積率は家畜頭数と弱い正の相関関係があった(図1.12).特に山羊の頭数は砂漠化面積率とより強い正の相関関係があり,砂漠化が過放牧と関係していることを示唆している(図1.13).なお,これらの関係には 1 村の例外

があるが,この村はムウス砂地北部縁辺部にあって,丘陵地が多くて砂丘地が少ないため,地形的に風食に対する抵抗性が高い地域だった.砂漠化と家畜頭数の関係は明瞭ではないが,家畜は概ね1haあたり0.7頭,山羊なら0.2頭を越えると砂漠化が激しくなる傾向があった.

これらの結果を現地調査によって確かめた.

現地調査の結果からは,砂漠化が激しい牧野を有する牧家で家畜密度が1haあたり3頭以上と多い傾向があった.しかし,家畜密度と砂漠化の関係は明瞭ではなかった.より明瞭だったのは,1haあたり0.7頭以上と山羊が多い土地では,砂漠化が激しいという関係である(図1.14).

馬や牛,羊など,他の家畜は主として草を食べるのに対し,山羊は樹皮や根も加害する.したがって,山羊が放たれた草地の植生は次第に家畜に有害な植物の混じる一年生草本群落へと変っていく.そのような植生では,表土は浸食を受けやすくなり,表土層が失われた砂丘地では,風食が容易に発生し,砂丘の流動が始まる.このような観察結果もあわせると,現在の砂漠化の主要因は家畜の食害にあり,とりわけ山羊の役割は土壌浸食にとって最も重要と言える.

砂漠化を引き起こす家畜密度の閾値は統計資料による結果と現地調査による結果に大きな違いがあった.現地調査の結果がより信頼性が高いと思われるが,な

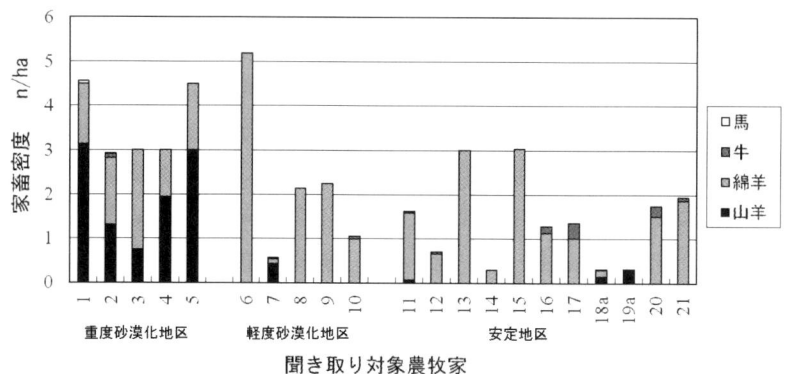

図1.14 2000年当時の現地調査農牧家の草地面積あたり家畜密度
(Kobayashi et al., 2005より一部改変)

ぜ統計資料による分析は違う結果をもたらしたのだろう．家畜頭数は税金の算定の基礎になるため，牧家の中には過小に申告している者があったと推察される．そのため家畜頭数統計が著しく異なったと考えられる．

牧家の収入面から砂漠化の原因をさらに考えてみる．なお，以下で述べる収入とは総収入であり，それに要するコストは差し引かれていない．砂漠化現象が見られた地区では，ほとんどの家の総年収が1万元以上だった（図1.15）．一方，植生が安定した地区の家では，11軒のうち7軒の総年収が1万元以下だった．収入は草地や農地の面積と関係するが，経済的生産力は砂漠化した地区で高かった．そのような地区では高密度の山羊のカシミヤ生産によって高い収益をもたらされるとともに，食害により砂漠化の進行を招いていた．

筆者が最初に訪れた1980年代半ばまで，当地には電気は引かれておらず，道路も石灰と粘土を用いた簡易舗装のみで，自動車やモーターバイクも少なかった．しかし2000年には，幹線道路はアスファルト舗装され，僻地にも電気が届けられるようになった．2000年にはガスコンロを設置する牧家もあらわれ，ラジオさらにはテレビを視聴する牧家も増えた．牧民のモーターバイク利用が急増し，馬飼育が激減した．市場経済が浸透し，草原社会にも多くの工業製品の需要が生まれ，それとともにそれぞれの牧家では現金収入が必要とされた．その確保手段と

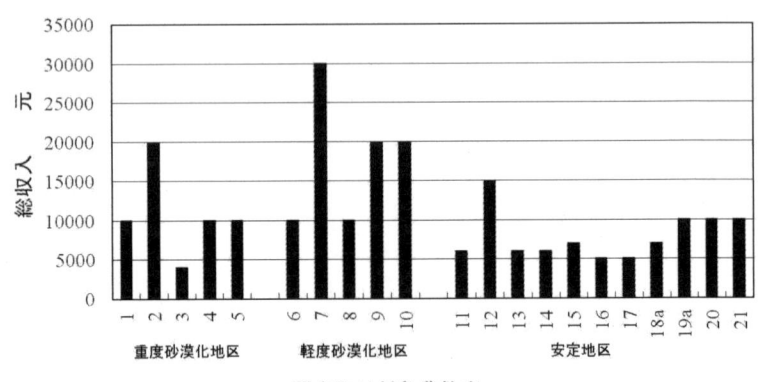

図1.15 2000年当時の現地調査農牧家の年間総収入
（Kobayashi et al., 2005より一部改変）

して，カシミヤ織の原料を供給する山羊や都市で需要の増えた食肉を供給する綿羊の増産が行われた．なかでもカシミヤ山羊は一頭あたり年間 50 元と普通の綿羊の二倍近い収益があり，魅力的な収入源としてたくさん飼われた．カシミヤウール生産のために，近隣の東勝市において，1980 年代半ばより工場が開設されたことも，現地の山羊飼育を刺激した．

図 1.16　家畜の食害による植生変化．写真奥には油蒿が発達しているが，写真手前の柵内はアカザ科一年草群落に変化

訪問調査の状況から砂漠化の実態をみてみよう．

図 1.14 のうち牧家 4 は砂丘が広がる丘陵地にあり，107ha の土地を柵囲いして牧畜を行っていた．土地のうち 40ha は砂丘と評価されていたので，草地として生産性のある土地は 67ha

図 1.17　山羊による食害と引き続く侵食によって岩盤が露出した土地，2000 年

である．そこに 160 頭の山羊と 90 頭の綿羊が放牧されていた．この土地の境界柵の外と内では植生が著しく異なり，外側では油蒿の群落だったのに対し，放牧圧の強い柵の内側では油蒿が衰退して，アカザ科の一年生草本が疎らに優占していた（図 1.16）．

牧家 5 は丘陵地にあったが，67ha の土地に 300 頭の山羊と 100 頭の綿羊を放牧していた．「草牧場承包合同書」ではすべて草地となっていたが，実際の放牧

地は植物も土も失われ，岩盤が露出していた（図 1.17）．そのため，隣人の土地を借りて放牧を行っているという状態だった．この牧家では，優良農家を示す表彰額が部屋に飾ってあり，以前は高い収益をあげ，税金を納めた模範農家とされていたことがわかる．総収入は 1 万元を維持しているが，借地代等のコストがかさんでいると推察される．

牧家 3 の周囲は以前草丈 1m ほどの草原があり，多数の家畜を放牧していたが，現在は大部分が砂丘化し，草地の質も低下していた．73ha の土地に山羊 10 頭と綿羊 30 頭を放牧していたが，現在は 4 千元の収入しかないと嘆いていた．これらの聞き取り調査の結果から，山羊飼育を始めた農家ではいったん年収が高くなるものの，食害によって植生が衰退し，土地の荒廃が進むとともに，家畜の放牧可能数が減少して，貧窮化していくという砂漠化のシナリオがうかがわれた．土地請負放牧制度は，経済的な生産性を高めたが，土地の持続性を高める効果は必ずしも上げていないと言える．

調査後のウシン旗政府の聞き取りから，地方政府はすでに山羊放牧を禁止していることがわかった．私たちの現地調査では多くの山羊放牧が見られたので制度の実施状況を尋ねたところ，政府の責任者は現状を知っており，「人々は牧畜中心の生活をしているので，あまり厳しい強制はできない」と弁解していた．政府統計では，山羊の個体数はほとんどゼロになっていたが（図 1.10），このような事情から偽の申告がなされていたと推察される．

梅棹（1953）は，1944 年～45 年にチャハル盟とシリンゴロ盟で行われた草原の家畜収容力に関心を持った調査に基づいて，「合理的な牧野の経営・計画的利用といった観念がモンゴルにはない」と述べている．もしそうだとすれば，現金収入に対する必要性はたやすく家畜の増頭に結びついただろう．

一方で，土地が荒れていない環境意識の高い牧民も中にはいた．図 1.14 の牧家 10 と 11 の牧民は「山羊は土地を荒らすので，私たちは山羊を飼っていない」と明確に答えた．うち一軒は 200ha もの広い草地を所有しており，それを 8 個のユニットにわけて輪牧を行い，草地を維持しているとのことだった．図 1.14 の牧家 16 と 17 はトゥカ村にあったが，この村はすでに放牧を禁止しているエジンホロ旗と隣接していることもあってか，村長がきびしく山羊放牧を禁止していた．牧

民は収入を得るために牛放牧ができる草地への転換事業を進めていたが，彼らの総年収は5千元にすぎず，経費を引くと赤字という者もいた．環境配慮に重きを置いている牧家は年収が必然的に低くなるという関係にあり，持続的な牧野経営を牧家に促すためには，何らかの仕組みが必要と思われた．

　図1.14の18aと19aは農耕村である納林河に住む漢族の農家であるため，家畜の飼養数は少なかった．納林河の人口は1万5千人で大多数が漢族である．近傍に河流を持つこの村では，水路が整備され，農地の多くが灌漑されていた．灌漑農地の総面積は2,700haで，一戸あたり平均1haの土地で集約的な農業が行われていた．住宅地と農地のまわりには旱柳を主とした林地があり，その面積は村の総面積の60％以上とのことだった．当地では，緑化には補助金が貸与あるいは供与される仕組みがある．さらに流動砂丘地を緑化すると税が減免され，土地の使用権が付与されるなどの利点が用意されていた．

　集落の外周が牧野になるが，そこは共有地であって自由な放牧は許されておらず，1頭あたり年30元を支払って，許可を得る必要があった．このゾーンの新たな農地開墾は2000年当時許されていなかった．共有地ゾーンの外側にはさらにポプラや耐干性の強い低木樹種による防護林帯があった．このような二重三重の仕組みによって，農耕村周辺の緑地は保全されていた．

　モンゴル族の牧家は一般に草原に散在しているのに対し，漢族の農家は水利条件の良い地形の場所に集住して村落を形成する．上記のような施策は，そのような集落で効果的に機能していた．

4．砂漠化の中の牧民生活の変化と適応：環境の時代の草原

　1990年代の急激な経済成長を経て，2000年代に入り，中国政府は環境保全へと大きく舵を切った．2002年には「土地の砂漠化を予防し，砂漠化した土地を管理し，生態の安全を維持し，経済と社会の持続可能な発展を促進する」とする防砂治砂法が施行された．同時期に多くの法律が改正され，環境配慮が盛り込まれた．草原法の改正によって，第一条に「生態環境を改善し，生物の多様性を保ち，・・・経済および社会の持続可能な発展・・・」という文言が加えられ，草原の利用にあたっては，その生態に配慮することが最も重要な事項として位置付

けられた．45条では以下の事柄が明記された．「国家は草原に対して採草量により家畜の数を決め，草と家畜のバランス維持という制度を実行する．県級以上の地方人民政府草原行政主管部門は，国務院草原行政主管部門の制定する草原の家畜負荷基準により，現地の実際状況にあわせ，草原の家畜負荷量を定期的に査定する．各級人民政府は，草原の家畜負荷超過を防止するよう有効な措置を採らなければならない．」

すなわち，各牧家の自主的な努力による持続的牧野経営ではなく，政府主導によるトップダウンの環境保全策が導入されることになった．

家畜数のコントロールの根拠となったデータは，1981年〜88年に全国で行われた「省級草地資源調査」ならびに1989年〜95年に行われた「全国草地資源内業総結」である．羊一頭あたりの必要草地面積（L, ha/羊1頭）の算出方法は以下の通りである．

$$L=(a \times b)/(c \times d)$$

ここで a：羊一頭が一日に消費する草の量（kg/day/羊1頭），b：放牧時間（day），c：草地類型によって決まる可食牧草年生産量（kg/ha），d：牧草利用率（%）である．羊とほかの家畜の消費草量の換算は次の通りで，ラクダは羊の7倍，馬は6倍，ラバは5倍，牛（北方型）は5倍，水牛は5.2倍，ヤクは4倍，ロバは3倍，山羊は0.8倍と換算する．この式によって，草原の類型にしたがって，家畜の許容量が定められた．

これから述べる調査地が属する温帯草原の家畜許容量は次のように算出されている．すなわち，温帯性湿性草原類は1.27頭/ha，温帯性草原類は0.68頭/ha，温帯性荒漠草原類は0.36頭/ha，温帯性草原化荒漠類は0.3頭/ha，温帯性荒漠類は0.24頭/haである．

なお，過去に様々な名目で請求され，地方の役人の腐敗の温床となり，農牧民を圧迫していた農民税は2006年に撤廃された．

このような状況下で，ムウス砂地の人々がどのように対応しているのか，2000年と同じ調査地を2005年に再び調査した．ムウス砂地では上記の政策はまだ導入されていなかったので，理解のために導入の進んだシリンゴル盟の例についてまず述べたい．

シリンゴロの年平均気温は 0.6℃であり，平均年降水量は 350mm である．ウシン旗と降水量は変らないが，平均気温が 5℃以上低い．典型的な草原地帯に位置しており，多年生のイネ科である羊草（*Leymus chinensis*）草原と大針茅（*Stipa grandis*）草原が分布し，生産力が高く安定した草地が広がっている．

当地では，草原の類型に基づいた上記の個体数を基準にしながら，村の草原監理所が草原の状態を評価して，家畜の飼養制限頭数が決定されていた．

シリンホト市イララト村の A 氏の草地は借地も含めて 800ha あり，植生は良好な状態である．政府が定めた彼の草地の家畜量は 0.75 頭/ha で，温帯性草原類の基準に相当する．A 氏は草原に区画を設けて季節毎に輪牧しており，採草地も放牧地とは別に確保していた．ここは同時に「休牧戸」に指定されており，放牧は 6 月 16 日からしか認められていない．萌芽期の草を守るためで，4 月 16 日から 2 カ月間は家畜を放牧することが許されず，舎飼いしなくてはならない．政策の推進のために，畜舎の建設には補助金が出ており，休牧期間中の飼い葉は，政府から支給されていた．飼い葉の支給量は政府が定めた許容家畜量に応じて分配されていた．

A 氏の草地の柵囲いが行われた 1999 年の時点では羊 1,800 頭を所有していた．ところが 2001 年には休牧政策が始まり，現在の基準で家畜量が制限され，羊 300 頭に減らされた．制限数を超えて家畜を放牧していると，羊一頭あたり 30 元の罰金を科される．そこで 2004 年には土地の借入を始めて，400ha を借り受け，現在の家畜量 900 頭に戻した．それでも，家畜数は以前の半分に減っているため，収入も半減したが，3 万元の税金はなくなった．

A 氏の草原は市の中心部から近いため，私たちが訪ねた年からはゲルを公開して観光客を誘致していた．彼自身は定住家屋を草原に持っているが，市街地に別に家屋を持っており，普段はそちらで暮らしている．草原の家は，家畜の管理を委託しているモンゴル族の使用人（3 人家族）が住み込んでいる．A 氏は年間 7 万元の純収入があり，都市的な生活をしている比較的裕福なモンゴル族と言えるだろう．

そのほか郊外 3 村の牧家を訪問したが，同じような家畜頭数や放牧期間の制限が見られた．

新しい事例として酪農村の建設について紹介したい．シリンホト市近郊には5〜6つの酪農村が建設されていた．その中核となる乳製品企業・伊利集団は，市政府が誘致した．労働者や周辺の荒廃地からの移民が市政府の募集に応じて集まり，伊利集団の工場に原乳を供給する酪農村を形成していた．

B氏の夫は近くの炭坑で自動車運転手として働いていたが，2001年に4千元を払ってここに移住した．2頭の牛が政府から貸し出され，舎飼いしている．したがって彼らは自らの草地を持っていない．毎朝，隣接する伊利集団の搾乳場に牛を連れて行って機械搾乳する．餌は伊利集団が指定した配合飼料を用いるため飼料代がかかるが，純収入が年2万元あって生産は安定しており，生活は炭坑の運転手時代よりずいぶん楽になった．ご主人はアルバイトでも収入を得ている．まったく都市労働者的な酪農家と言える．

このように，シリンゴロ地域の牧民は一般に400ha以上の良質の草地を持って粗放な牧畜経営を行っているが，一部には都市的な酪農家が出現している．遊牧はもう見られないが，牧畜は原則的に家族単位で行われている．一方で，牧民間の土地取引も行われており，牧民の一部では階層分化が起き，地主と小作の関係が出現している．政府の休牧・禁牧政策は大きな抵抗なく，比較的普及しており，草地の劣化は顕著には認められなかった．政策が順調に展開している地方ということができよう．

一方，ムウス砂地のあるウシン旗はどうだったか．2005年の調査では7軒の牧家を再訪したが，うち2軒の牧家が引っ越していた．その2軒は，2000年時点ですでに，砂漠化が激しい状況にあったため，家畜の放牧が困難になり，避難したと思われる．以下に特徴的な変化をしていた牧家3軒をあげる．

トリ村のBT氏(図1.14の牧家7)は，2000年調査時，670haの最も広い草地を有するとともに，その領

図1.18 砂地に自生する麻黄

地内に自生する薬草・麻黄（*Ephedra sinica*）の採取によって，この地ではダントツに高い3万元の収入を上げていた．麻黄は砂地に生育する無葉の乾生灌木である（図1.18）．薬用植物で交感神経を興奮させる作用があり，喘息や風邪の薬としても用いられるエフェドリンの原料である．茎に薬用成分を含んでいるため，土壌が凍結している冬期間に，柄の長い鎌を用いてその地上部を刈り取る．麻黄は根茎によって繁殖するので，春には新しいシュートが再生する．このような仕組みなので，適切な採取量を維持している限り，野生麻黄採取は持続可能な生産業である．

　本人に再会して話を聞くと，現在でも3万5千元の収入を維持しているが，物価の上昇を考慮すると目減りしている．その原因の一つは麻黄の取引価格の下落によるものである．麻黄栽培が増加して，天然物の価格が1キロあたり1.75元から0.7元に値下がりしたとのことである．草地が広大で麻黄や野ネギなどの商品植物資源に恵まれているため，もともと家畜の放牧密度は少なかったが，2005年には山羊はほとんど飼われなくなっていた．しかし，麻黄の採取量は年間12tから20tに増加し，草地への負荷が増大しているようで，全体にやや植生の劣化が進んで砂丘が拡大していた．

　この家は，この5年の間に自家用発電機を設置し，150mの深井戸を掘削して小規模な灌漑農業を始め，40aの土地に自家飼料用のトウモロコシを栽培している．発電とポンプのシステムに8千元，井戸掘りに5千元かかったとのことである．深井戸の掘削と灌漑による飼料作物生産は政府によって推奨されており，シリンゴロでみられたのと同様の休牧と畜舎飼育に備えたものと考えられる．

　トリ村のHB氏（図1.14の牧家4）の土地は丘陵の砂丘地帯にあり，前回調査時，砂漠化状況が激しかったところで5年間の変化を注目していたが，全体に草地の劣化はやはり進行しており，砂丘も拡大していた．そのような状況の中で，HB氏は新たに2003年，110haの草地を30年の長期契約によって5万5千元で借り上げた．すなわち「草牧場承包合同書」を土地の権利証のように買い上げたわけである．その土地を含めて全体で450頭の羊・山羊を所有し，以前より200頭増頭していた．困難な状況を経営規模拡大によって乗り切ろうという戦略である．彼は借地でトウモロコシ栽培を行っており，自分の土地では麻黄栽培も試み

図 1.19 フフノール・民家前裸地に発達した油蒿，2005 年．図 1.17 とほぼ同じ場所

ている．総収入は 2 万元で 2000 年時の二倍となっていた．

ハルトゥ村の CB 氏の土地は 5 年前，その弟（図 1.14 の牧家 5）の土地だった．ここは砂漠化状況が最も著しく，広く岩盤が露出していた．弟は劣化した土地を捨ててすでにオルドス市に転出してしまい，兄である氏が弟の権利を譲り受けて引っ越してきた．氏は自分の土地の劣化を食い止めるために，山羊の頭数を 270 頭から 70 頭に減らし，放牧を借用した丘陵上の草地 100ha に限っていた．その結果，自宅周辺の 70ha の土地は，岩場ながらも油蒿の進入が進んで，群落の再生は着実に進んでいた（図 1.19）．

彼は放牧にすでに重きをおいていない．収入の主体は子豚生産である．豚は農耕民の家畜であり，モンゴル族が伝統的に飼育するものではないが，彼は子豚を生産して都市近郊の漢族農家に販売している．ウシン旗に出すのではなく，包頭や烏海といった大都会に直接出荷し，高い収益を上げている．配合飼料であるために飼料代はかさむが，子豚生産だけで 2 万 5 千元近く，全体で 3 万元の純収入を上げている．彼のやり方はモンゴル族が伝統的に行ってきた放牧の生活から半分以上脱却し，集約的生産によって高収益をあげて，環境を保全するという方針に転じていると言える．

このようにウシン旗では，政府の指導に従い，飼料生産を組み合わせてより集約的な方向をめざす牧民，経営規模拡大によって収入を維持し，環境への圧力も低減させようという牧民，従来とまったく異なる集約的生産によって収入を増やした牧民が見られた．

一方，ウシン旗ではまだ休牧・禁牧政策は行われていなかった．この地域の草原は温帯性荒漠草原類に区分できるので，「全国草地資源内業総結」の定める家

畜許容量は 0.36 頭/ha となる．しかし実態としては，2 倍から 7 倍の家畜が放牧されており，決められた許容量への抑制は収入の大幅な減少を伴うから，大きな抵抗を呼ぶと考えられる．さらに実際の草地で砂漠化が進行しているところでは，他地域の例から類推すると，完全な禁牧が指導される可能性も高い．

シリンゴロの例では，草地面積も草地の質も余裕があって，休牧政策への対応に可能な条件があった．その過程で草地経営できずに土地を失う牧民に対しては，酪農村という選択肢も用意されていた．

黄河をわたってオルドス高原の西側にあるアラシャン盟は砂漠化の激しい地域だったが，地方政府は賀蘭山の伏流水を利用して，砂漠地帯に人工のオアシス村を建設した．一方，砂漠化地域を全面禁牧にして，禁牧区の牧民を移住させるという政策をとった．このような政策は生態移民と呼ばれる（小長谷ら，2005）．政策の是非については内外で議論があるが，アラシャン盟ではその自然条件を利用して，禁牧政策を展開可能な状況が用意できたわけでる．

牧畜地域としては，ウシン旗の人口密度は高く，土地に余裕は見られない．環境の質としても限界に近い状態にある．禁牧しようにも，移住先での安定した農牧業生産を保証する灌漑に適した立地も少なく，そのような土地はすでに入植した漢族によって占められている．このような困難な条件から，政策の実施が先延ばしされていたのではないかと推察される．

現在のところ，地方政府は地下水位が比較的高く，土地の条件がよいところを中心に，井戸灌漑による飼料栽培と牛の舎飼いを中心とした酪農を奨励し，誘致した乳産企業へ出荷するという方向へ転換を徐々に図っているように見える．楡林市やオルドス市の消費地と結ぶ道路の整備をきっかけにそのような転換が図られているようだが，消費地との距離は砂丘地帯の中 100km 以上あり，その成否はまだ明らかではない．さらに地域の牧家の多くは限られた幹線道路から離れて位置しており，全体の住民がそのような流通の恩恵にあずかる状況にはほど遠い．

5. 持続可能な草原はどのように実現されるか

中国内陸部が乾燥帯と湿潤帯のエコトーンにあり，砂漠化がおきやすい条件にあるのは，日本列島が大陸プレートと海洋プレートの沈み込み帯にあり，地震や

津波が起きやすい条件にあるのと同様に，避けようのない大きな生態構造である．その中で牧畜社会があり，農耕社会との交易を行いながら，特徴的な世界が成立してきた．

　その世界に近代が入り込み，様々な衝撃を土地と生態に与えた．最初の衝撃は清末の戦争とその刺激による開墾政策だった．しばらく続く封建社会の不安定化と経済の流動化は，ムウス砂地の砂漠化を様々な形で促したことだろう．

　新中国が成立すると，社会主義イデオロギーのもと，生産手段の共有化によって生産力の増強がはかられる．政府を主導する共産党の根拠地がムウス砂地に近い延安にあったこともあり，共産党政府は砂漠化問題に敏感だった．社会の基本単位となった人民公社では，科学的把握に基づいた計画的な生産力増強が目指されるとともに，様々な砂漠化対策が取り組まれ，数多くの新たな技術が考案された．それらの多くは，牧民や農民がすぐに実施できる低コストで，特別な工学的技術を要さず，自然力を利用した生態的技術だった．2節で示した旱柳の「空中草場」や「前をおさえ後ろをひく」方法はこの地域で開発された技術の代表例である．有名な草方格もこの時代の技術で，銀川－包東のウランブフ砂漠が迫った区間の鉄道保護のために開発された．これらの技術は現在でも生きており，有効に利用されている．

　1970年代後半から，中国は社会主義経済から改革開放経済に転ずる．その最も大きな転機が1981年から83年にかけての人民公社解体と生産責任制および土地請負制の開始である．この時代，配分された土地は，農牧民自身によって，高い生産があがるように最適に管理されることが期待されていた．草庫倫—草地の柵囲いが普及した．しかし，結果的にこの制度は環境保全に十分機能せず，牧畜地域では家畜頭数の増強を生み，ムウス砂地では土地の砂漠化が進行したことを3節に記した．一方，農耕村では，周囲の緑化が進み，同時期に推進されていた「三北防護林建設」に寄与することとなった．

　生産責任制で草地が良好に管理されるという考えは，草地を過剰に利用すると収益が低下するというメカニズムを期待していると思われるが，実際には，砂漠化と収益の低下は，必ずしも同時並行で起きるわけではなかった．私たちの2000年の調査で土地の砂漠化が進みながらも収益を維持していた牧家の中で，2005

年に離牧したものが複数あった．砂漠化現象が急激であり，気づいた時には手遅れになることが多いことを示している．

　1980〜90年代，中国は大きな経済成長を遂げたが，各地で環境が大きな問題となってきた．また，改革開放政策の恩恵は主に東部沿海地域に偏ったため，内陸の経済発展は立ち遅れ，国内の所得格差が増大した．2000年代に入ると，中国政府はこれらの調整をはかるように政策を転換する．そして「西部大開発」政策と「退耕還林還草」政策が同時に打ち出される．これらの政策は，内陸の土地が豊かで高い収益が期待できる所に集中的に投資し，急傾斜の黄土丘陵や砂質で生産性の低い草原などは農耕・放牧を避け，林地や自然草地に還そうというものである．

　ここに至って，中国政府は，農牧民自身の自助努力による環境保全策をあきらめたように思える．生態学的に判定される草原のタイプによって家畜を規制し，放牧の可否を判断するという政府トップダウンの方法によって，止まらない砂漠化を抑え込もうとしている．一方，酪農家の形成によって，住民の経済や福祉の改善も同時に進めようと考えられているようだ．

　この政策のよいことは，環境保全的な取組に対してインセンティブが用意されたことであろう．一方，問題は，ウシン旗の牧民が見せた経営規模拡大による乗り切りや子豚生産による集約的生産と都市との直接取引といった多様で自発的な取組が失われる恐れがあることである．現在は政府が決め，地方の行政が調整した画一的な草原管理方法に従う牧家が補助の恩恵を受けられる仕組みになっているが，今後は住民発意の多様な方法に対しても，補助や融資の仕組みが整備されることが望ましいのではないか．そうすれば，現在中国でも活発になってきているNPOなどの支援もしやすくなり，地域の特性に応じたよりきめ細かな対策が可能になるだろう．さらに，コーディネータの存在により現場と政府の間の情報交換が促進され，効果的な技術開発や施策展開が可能になるかもしれない．

　政府の役割としては，よりきめ細やかな砂漠化地図の作製や正確な気象予測，農産市場情報などの情報支援が期待される．牧民自らが土地の状況を精密に把握し，消費地との情報交換を行いながら適切な生産計画をたて，成果に応じて調整できるような仕組みが成り立つようになって，初めて，牧区は主体的に近代化と

対峙し，砂漠化を克服することができるのかもしれない．

大規模な自然災害といっても，その単位は地域さらには農牧家であり，そのスケールで持続的な農林牧経営が行われることが災害の抑止さらには回復力の強化につながる．そのためには，主として自然科学的観点からのトップダウンの政策に加えて，地域の生態史を踏まえた知恵が豊かな地域社会をつくるということを本稿の結論としたい．

この原稿をほぼ書き終えた頃，留学生よりウシン旗の近況が届いた（ウシン旗政府ホームページ，http://www.wsq.gov.cn/zjws/zjws.html）．2000年代はじめに発見された世界規模の天然ガス田と炭田によって，2006年以降，田舎町は急激にその姿を変えているという．休牧禁牧政策もすでに導入され推進されている．労働需要，都市の食品需要の急激な伸びを背景としたものだろう．急激に姿を変える草原，新たな開発の中で牧民たちはどのようにこれからの草原の姿を描くのだろうか．

引用文献

北京大学地理学系・中国科学院自然資源総合考察委員会・中国科学院蘭州沙漠研究所・中国科学院蘭州氷川凍土研究所 1983. 毛烏素沙区自然条件及其改良利用, 科学出版社, 北京, 210p.

黄兆華・宗炳奎・董光栄 1980. 内蒙伊盟地区土地砂漠化問題考察階段報告 鄂托克旗烏審旗為主的部分, 伊盟沙漠研究所 鄂尔多斯地区沙漠化及其控制問題, 伊盟沙漠研究所編印, 1-14.

小林達明 1990. 中国ムウス砂地の成因と土地分類, 日本緑化工学会誌15巻4号：43-57.

小林達明 2000. 七千年の旱地農耕-黄土地帯の自然と農法, 田中耕司編, 自然と結ぶ-「農」にみる多様性, 昭和堂, 京都, 52-78.

Kobayashi, T., R.Liao and S.Li 1995. Ecophysiological behavior of *Artemisia ordosica* along the process of sand dune fixiation. Ecological Research 10：339-349.

小林達明・増田拓朗・小橋澄治 1989. モウソ砂地におけるハンリュウの大枝じかざし造林の立地と生育の関係, 日本緑化工学会誌15巻2号：1-8.

Kobayashi, T., S. Nakayama, L.-M. Wang, G.-Q. Li and J. Yang 2005. Socio-ecological analysis of desertification in the Mu-Us Sandy Land with satellite remote sensing. Landscape and Ecological Engineering 1：17-24

小長谷有紀・シンジルト・中尾正義編著 2005. 中国の環境政策 生態移民—緑の大地, 内モンゴルの砂漠化を防げるか？, 昭和堂, 京都, 311p.

李博・高玉宝 1990. 鄂爾多斯高原草場資源, 内蒙古草場資源揺感応用考察隊伊克昭盟分隊編著, 内蒙古鄂爾多斯高原自然資源与環境研究, 科学出版社, 北京. 135-152.

林亜真 1983．農林牧生産現状，北京大学地理学系ほか編，毛烏素沙区自然条件及其改良利用，科学出版社，北京．171-200．
大黒俊哉・根本正之 1996．中国北東部半乾燥地域の砂地草原における過放牧による植生退行過程，第10回環境情報科学論文集．31-36．
白岩一彦 1998．協調と対立―清末のモンゴル族と漢族，可児弘明・国分良成・鈴木正崇・関根政美編，民族で読む中国，朝日出版社，東京．111-141．
梅棹忠夫 1953．ボドとシュトゥス；牧野生態学の断章，地域，8：2-8．
王林和・吉川賢 2011．砂漠化の過去・現在・未来，吉川ほか編，風に追われ水が蝕む中国の大地—緑の再生に向けた取組，学報社，東京．57-63．
姚洪林 1986．砂漠の緑化技術について，緑化工技術，124：29-43
伊盟地志編委 1994．伊克昭盟志　第二冊，現代出版，北京．
伊盟沙漠研究所 1980．鄂尔多斯地区沙漠化及其控制問題，伊盟沙漠研究所編印．251p．．
張敬業 1980．伊盟沙化及其防治，伊盟沙漠研究所編，鄂尔多斯地区沙漠化及其控制問題，伊盟沙漠研究所編印．116-141．
呉正 1984．風沙地貌学，科学出版社，北京．323p．．
中華人民共和国農業部畜牧獣医司・全国畜牧獣医総站 1996．中国草地資源，中国科学技術出版社，北京．608p．．

第2章
有害有毒赤潮の発生から沿岸域を守る

今井一郎
北海道大学大学院水産科学研究院

1. はじめに

　海は生命の故郷である．海は地球表面の約7割を覆い，海には100万種を優に超える多種多様生物が棲息しており，人々は海から様々な恩恵を受けている．海洋生態系というストックから，生態系サービスというフローとしての恵みが供給されていると考えることができよう．国連ミレニアムエコシステム評価によると，生態系サービスには供給サービス，調整サービス，文化的サービス，および基盤サービスが含まれる（Millennium Ecosystem Assessment, 2007；吉田, 2011）．海が与えてくれる恩恵をお金に換算するのは困難であるが（Costanza et al. 1997）は地球上の年間の生態系サービス全体を約33.3兆米ドル，その中で海洋の貢献を約20.9兆ドルに上ると試算している（因みに陸域は12.3兆ドル）．これらの値は不確定要素が多いため，過小評価とも想定されている．いずれにしても，人類による地球上の生産活動の総額が年間18兆ドル程度と見積もられており，海洋の重要さが理解できよう．

　海洋の中で，潮の干満が認められる潮間帯から水深200m程度までの浅海域は沿岸域と呼ばれ，生物多様性が高く生物生産も大きい生物の宝庫である．ちなみに沿岸域の貢献は約12.6兆ドルと見積もられている（Constanza et al. 1997）．沿岸域に接する平野部は一般的に人口密度が高く，活発な人間の生産活動や経済活動に伴い海域へ富栄養化や汚染物質の流入等，様々な影響が及ぼされている．

わが国で最も規模の大きい沿岸水域は瀬戸内海であり，人間との関係は濃密である．本稿では瀬戸内海を主対象とし，富栄養化の歴史的な経過と有害有毒赤潮の発生を俯瞰し，有害有毒赤潮の発生から沿岸域を守る方策等について述べる．

2. 沿岸域の富栄養化と赤潮の発生

　光合成を行う微細藻類の内，浮遊生活をするものは植物プランクトンと呼ばれ，海洋生態系の生物生産の中で基礎生産者として重要な役割を演じ，魚介類などの生産を支え人類に必要な食糧資源をもたらす．しかしながら，植物プランクトンの内ある種は増殖や集積により赤潮を形成して魚介類を斃死させ，またあるものは体内に毒を保有し食物連鎖を通じてその毒が二枚貝類等の高次生物に転送・蓄

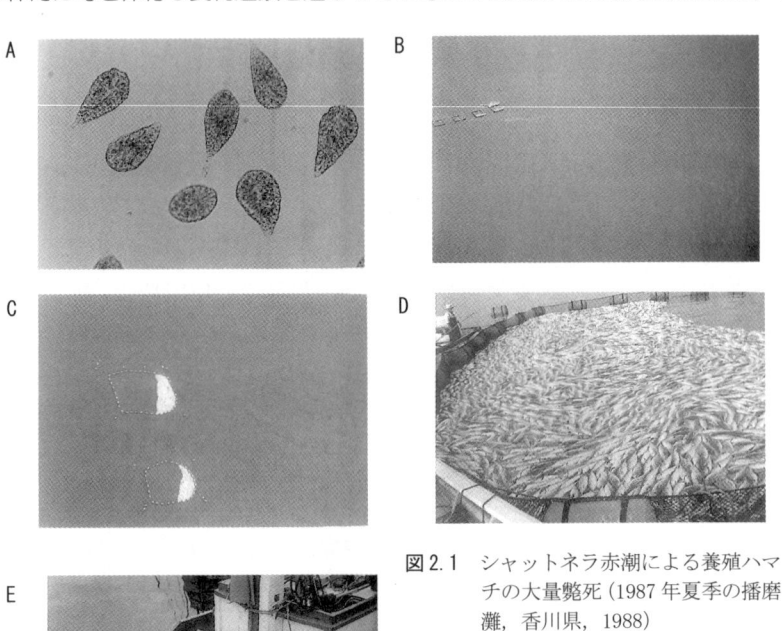

図2.1　シャットネラ赤潮による養殖ハマチの大量斃死（1987年夏季の播磨灘，香川県，1988）
A 原因赤潮生物シャットネラ（*Chattonella antiqua*），B 赤潮海域の航空写真（手前に着色域が認められる），C 養殖生け簀の中で斃死しているハマチの航空写真，D 養殖生け簀の中で斃死しているハマチ（近撮），
E 船上に回収された斃死ハマチ

積され,人類を含む高次捕食者(魚類,鳥類,海産哺乳類)を死亡させるなど,大きな問題が生じている.人類や海洋生物に悪影響を与えるような微細藻類は,国際的には"Harmful algae"と呼ばれ,藻類種が個体群を増加させる現象はブルーム(Bloom:海水が着色する赤潮のレベルまで増加するわけではない場合を含む)と称され,有害有毒藻類種が増加する現象を"Harmful algal bloom＝HAB"という.HAB は種類や与える影響によって,4 つのタイプに類型化されている(今井,2000).

すなわち,1) もともと無害であるが大量増殖の結果高密度になって大量の有機物となり,死滅時に海水中の溶存酸素が消費され減少して結果的に魚介類を斃死させる大量増殖赤潮,2) 人間には無害であるが魚介類に致死作用を及ぼし大量斃死を起こす有害赤潮,3) 藻類種の保有する毒が食物連鎖を通じて海産哺乳類や大型魚類,人間等の高次生物に被害を与える有毒ブルーム,4) 海苔養殖が行われる時期にその海域で増殖して海水中の栄養塩類を消費し尽くし,生産される海苔の品質を低下させる珪藻赤潮,以上 4 つである.赤潮は海水が着色する程度にまで植物プランクトンが増殖・集積される現象をいうが,有毒ブルームを除く 3 つが該当する.しかし有毒ブルームでも着色するレベルにまで増加することがあり(山本ほか,2009),その場合は赤潮と呼ばれる.図 2.1 に赤潮による養殖ハマチの大量斃死の例を示したが,斃死した魚が腐敗・浮上し,回収された死魚は土中に

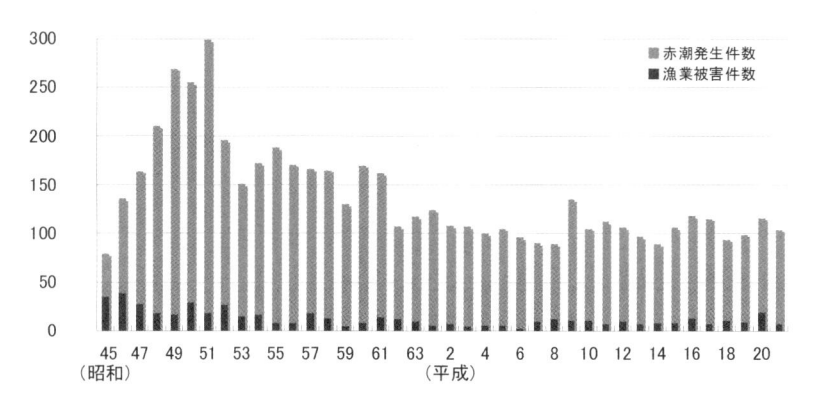

図 2.2 瀬戸内海における赤潮発生件数と漁業被害件数の推移(水産庁,2011)

埋める処理がなされる．この処理は何ら生産的な側面が無く，経済的のみならず精神的にも辛い赤潮被害と言える．

わが国沿岸域における赤潮の発生件数は，高度経済成長を始めた1960年代から始まった海域の著しい富栄養化に伴って急激に増加した．瀬戸内海における赤潮発生件数と被害額の経年的な変化を図2.2と図2.3に示す．当初，瀬戸内海全域において，年間50件以下の赤潮発生件数であったのが，1960～1970年代に急激な増加を示し1976年に最高値の299件を記録した．1972年夏季に発生したシャットネラ赤潮により，史上最多の1,428万尾もの養殖ハマチが斃死し（被害額約71億円），これを契機に有名な「播磨灘赤潮訴訟」が提訴された（村上，1976）．この赤潮を背景として1973年に「瀬戸内海環境保全臨時措置法」が制定され，汚濁負荷の削減が図られるようになり，5年後には赤潮等による被害に対する富栄養化対策を含む新たな施策が加えられた特別措置法として恒久法化された．1973年末からのオイルショックの影響と相まって，その後赤潮の発生件数は減少に転じ1980年代後半には年間約100件前後となった．しかし以後下げ止まり状態で現在に至っている．赤潮発生が最盛期の時期には，大阪湾，播磨灘，あるい

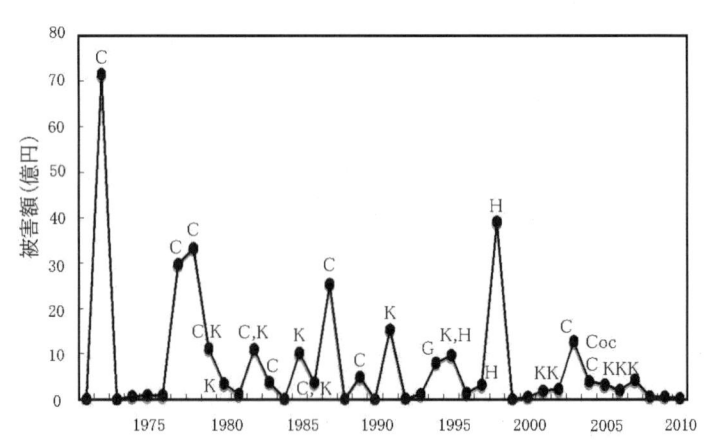

図 2.3 瀬戸内海において主要な赤潮プランクトンによって発生した漁業被害額の推移（水産庁，2011）

Cはシャットネラ，Kはカレニア，Hはヘテロカプサ，Gはゴニオラックス（*Gonyaulax polygramma*），Cocはコクロディニウムによる

は周防灘等の海域全体を覆う大規模赤潮も希ではなかったが,近年は赤潮発生の規模と期間が縮小傾向にある(瀬戸内海環境保全協会,2011).赤潮による漁業被害額は,瀬戸内海全体で年平均10億円を優に超えるとされている.

わが国沿岸域において発生が確認された赤潮プランクトンは60種以上になるが(岡市,1997),それらの中で魚介類を斃死させる代表的な有害種を図2.4に示す.ラフィド藻類に属するシャットネラ(*Chattonella antiqua, C. marina, C. ovata* を総称),ヘテロシグマ(*Heterosigma akashiwo*),渦鞭毛藻の夜光虫(*Noctiluca scintillans*),カレニア(*Karenia mikimotoi*),ヘテロカプサ(*Heterocapsa circularisquama*),ならびにコクロディニウム(*Cochlodinium polykrikoides*)が重要種としてあげられる.最も多額の深刻な漁業被害を与えて来たのはシャットネラであり,それは上述の赤潮訴訟の提訴の例からも窺い知れる.渦鞭毛藻のカレニアがこれに次ぎ,二枚貝を特異的に殺滅するヘテロカプサによる被害も大きいが近頃は鳴りを潜めている.近年はコクロディニウムの台頭

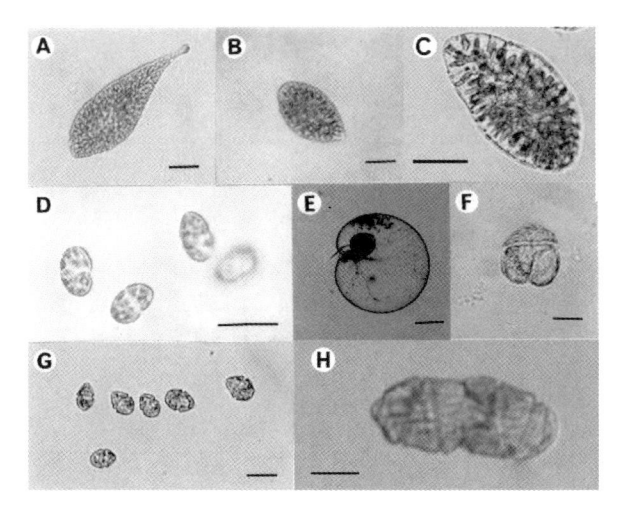

図 2.4 わが国沿岸域における代表的な有害赤潮プランクトン(今井,2009)
魚類を斃死させるラフィド藻,*Chattonella antiqua*(A),*Chattonella marina*(B),*Chattonella ovata*(C),*Heterosigma akashiwo*(D):赤潮渦鞭毛藻,*Noctiluca scintillans*(E,夜光虫),魚介類を斃死させる *Karenia mikimotoi*(F),二枚貝を斃死させる,*Heterocapsa circularisquama*(G),魚介類を斃死させる *Cochlodinium polykrikoides*(H).スケールは,E が 100μm,その他は 20μm

が認められる．夜光虫とヘテロシグマによる赤潮発生件数は依然として多いが，魚介類斃死等の漁業被害を伴う事例は希である（Imai et al. 2006a）．

3. 赤潮対策の現状

　赤潮対策を整理すると，赤潮の発生予知，予防，駆除の3通りとなる．赤潮問題への対策に取り組む場合，対象となる赤潮生物種の発生機構を解明することが先ず基本である．赤潮の発生機構は，種毎，発生水域毎に異なるため，調査研究には多大な労力と時間を要するが，シャットネラ，カレニア，ヘテロカプサなどではその発生機構が概ね解明されて来たといえよう（今井，1990；山口，1994；松山，2003；Imai and Yamaguchi 2012）．赤潮被害の軽減を図る上で赤潮の発生予知は重要であるが，そのためには科学的な調査結果に基づく発生機構の解明が基本となる．特にシャットネラ赤潮の発生予知は社会的に必要性が高いため，綿密なモニタリングを基礎として精力的に発生予知が試みられてきており，先行指標に基づく予知予察を含めて様々な検討がなされてきている（今井，2010a）．

表2.1　現在までの赤潮対策
（代田 1992；日本水産資源保護協会 1994；Imai et al 2006 a）

間接法
・法的規制
水質汚濁防止法，海洋汚染防止法，農薬取締法，瀬戸内海環境保全特別措置法，持続的養殖生産確保法，有明海八代海再生特別措置法
・環境改善
水質：藻類等による栄養塩回収
底質：浚渫，曝気，耕耘，石灰・粘度・砂の散布，ベントス（*Capitella*）による浄化
養殖技術：餌料の改良（モイストペレット等），漁場の適正利用，大型生け簀
・緊急対策
生け簀の移動（水平・鉛直），餌止め
直接法
・物理的方法
物理的衝撃：超音波，衝撃波，電流，発泡
海面回収：吸引，濾過，捕集（赤潮表層水の回収と遠心分離除去）
凝集沈殿：高分子凝集剤，鉄粉，粘土散布
・化学的方法
化学薬品：過酸化水素，有機酸，界面活性剤，硫酸銅，アクリノール，水酸化マグネシウム
化学反応：オゾン発生，海水電解産物
・生物的防除
捕食：二枚貝（カキ），橈脚類，繊毛虫，従属栄養性渦鞭毛藻，従属栄養性鞭毛虫
殺藻：ウイルス，細菌，寄生カビ，寄生渦鞭毛藻

養殖魚介類の斃死による赤潮被害を軽減抑止することを目指し，様々な対策がこれまでに施行され，あるいは提案されてきた（表 2.1）．海域への栄養塩類の流入を抑制することによって富栄養化の進行を防止し，基本的に赤潮の発生頻度を減らす事ができることから，法的規制と排水浄化技術の進歩が一定の効果をあげたと言えよう．直接的な赤潮の防除対策として種々の物理化学的手法がこれまでに提案され，試みられてきたが，実施規模やコスト，生態系への影響等の観点から殆ど実用に耐えるものはないのが実情である．

　現在は緊急対策として，粘土散布が九州西岸の八代海においてコクロディニウム赤潮を主対象に実施されている．また韓国において粘土散布は，コクロディニウム赤潮を対象として普通に行われている対策である（今井，2010c）．しかしながら，いったん有害赤潮が発生すると最も普通に行われている緊急対策は餌止めであり，消極的な手法ではあるが養殖魚類の斃死抑制に貢献している（今井，2010b）．また大型生け簀の活用や，生け簀の沈下も行われている．

　以上のような背景から，有効で安全な赤潮対策が強く望まれている．特に赤潮の発生予防に貢献する対策は，価値が大きいと想定される．そのような観点から，環境にやさしい生物的防除が注目されている．生物を用いた赤潮防除として，植物プランクトンの捕食者であるカイアシ類や二枚貝類が試験されたが，実際の現場では捕食者による赤潮のコントロールは，赤潮の規模や捕食能力の点から困難と結論されている（日本水産資源保護協会，1994）．一方で水産庁の赤潮対策事業により，細菌やウイルス等の殺藻微生物を用いた赤潮の防除対策に関する基礎的検討がなされ，殺藻ウイルスと殺藻細菌に関して研究成果が蓄積されている（水産庁，2000）．これら殺藻微生物の活用が，解決すべき問題点はあるものの，将来の赤潮防除対策として有望と期待されている．

4. 赤潮を制御する殺藻細菌

　赤潮プランクトンを殺滅する殺藻細菌に関する研究は約 20 年前から活発になり，わが国の沿岸海域において先ず存在が確認され（図 2.5），多数の細菌株が実際に分離培養されている（表 2.2）．そして，赤潮の消滅におけるターミネーターとして重要な役割を演じており（Imai et al.,1993, 1998, 2001；Yoshinaga et al., 1998)，注目を集めている．リボゾーム RNA 遺伝子の解析の結果，これまで分離された殺藻細菌株の多くはグラム陰性の γ-プロテオバクテリア（*Alteromonas* 属，*Pseudoalteromonas* 属），あるいはバクテロイデス門（*Cytophaga* 属，*Saprospira* 属）に属することが示された．また α-プロテオバクテリアに属するものも近年報告されている（Imai et al., 2006b）．一部の殺藻細菌についてはプローブが設計されており，将来定量的な検出が現場で可能になると期待される（Kondo et al., 1999；Kondo and Imai, 2001）．

　殺藻細菌による赤潮藻類の殺藻の仕方を見ると，直接攻撃型（主にバクテロイデス門）と殺藻物質生産型（γ-プロテオバクテリア）の2つに大別される（今井，1997）．一般的に直接攻撃型の殺藻細菌は多くの藻種を殺滅する傾向があり，殺藻物質生産型の細菌は種特異性が高い傾向が認められる．また，カレニアを殺滅する *Alteromonas* E401 株は，カレニアが生産する細胞外排出有機物に誘導されて殺藻物質を生産し（>10kD），しかもその殺藻物質はカレニアに特異的に作用しラフィド藻や珪藻には効果を示さなかったという（Yoshinaga et al. 1995）．

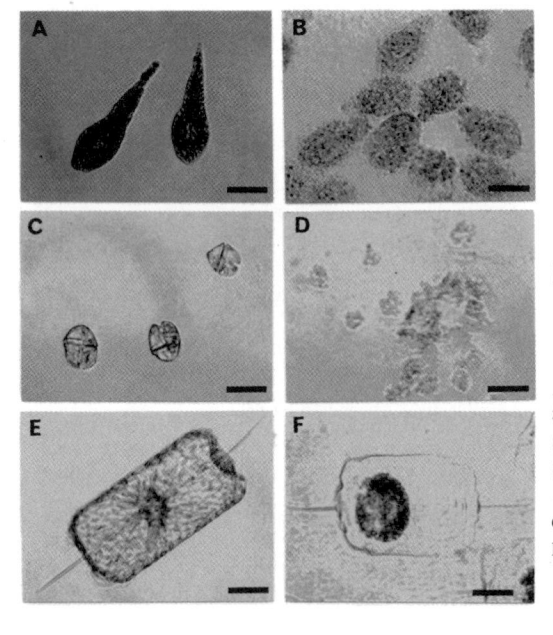

図 2.5　殺藻細菌 *Alteromonas* sp. S 株による 3 種の植物プランクトンの殺藻（Imai et al. 1995）二者培養 3 日後に観察を行った．棒線は 30μm．左カラム（A, C, E）は生細胞，右カラム（B, D, F）は殺藻された死細胞．A, B：ラフィド藻 *Chattonella antiqua*, C, D：渦鞭毛藻 *Karenia mikimotoi*, E, F：珪藻 *Ditylum brightwellii*

第2章 有害有毒赤潮の発生から沿岸域を守る

表2.2 水産庁の赤潮対策技術開発試験，マリンバイオテクノロジーによる赤潮被害防止技術開発試験等によって，わが国沿岸から分離された殺藻細菌（今井・吉永, 002）リボソーム小サブユニットRNA遺伝子の塩基対配列から推測した細菌種（属）とDDBJ内のアクセッション番号を示した

種名/株名	分離年	分離場所	検出・分離に用いた微細藻	Accession No.	その他
Cytophaga sp. /J18/M01	1990	瀬戸内海，播磨灘	Chattonella antiqua	AB017046	直接接触攻撃型
Alteromonas sp. /S	1991	広島湾北部	Chattonella antiqua	AB040464	殺藻物質産生型
Alteromonas sp. /K	1991	広島湾北部	Chattonella antiqua	AB040465	殺藻物質産生型
Alteromonas sp. /D	1991	広島湾北部	Chattonella antiqua	AB040466	殺藻物質産生型
Pseudoalteromonas sp. /R	1991	広島湾北部	Chattonella antiqua	AB040467	殺藻物質産生型
Alteromonas sp. /GY21	1994	広島湾	Heterosigma akashiwo	AB001335	殺藻物質産生型(3kDa以下)．K. mikimotoiにも作用．リボタイプ2B．MC27株(AB001336)やGY9501株と同じ．
Alteromonas sp. /GY27	1994	広島湾	Heterosigma akashiwo	AB001334	殺藻物質産生型．リボタイプ2C
Cytophaga sp. /GY9	1994	広島湾	Heterosigma akashiwo	AB001332	直接接触攻撃型．リボタイプ1A．MC8(AB001333)と同じ．
Flavobacterium sp. /5N-3	1989	高知県浦ノ内湾	Karenia mikimotoi	AB017597	殺藻物質産生型（分子量100前後の水溶性塩基性物質）．K. mikimotoiおよび一部の渦鞭毛藻のみを限定的に殺藻するが珪藻・ラフィド藻に対しては無影響
Alteromonas sp. /E401	1991	和歌山県田辺湾	Karenia mikimotoi	AB004313	殺藻物質産生型(64kDaのタンパク質)，渦鞭毛藻特異的
γ-proteobacterium /EHK-1	1999	広島県江田島湾	Heterocapsa circularisquama	AF228694	
Cytophaga sp. /AA8-2	1995	英虞湾	Heterocapsa circularisquama	AB017047	直接接触攻撃型．Cytophaga sp. /J18/M01と同配列
Cytophaga sp. /AA8-3	1995	英虞湾	Heterocapsa circularisquama	AB017048	直接接触攻撃型．Cytophaga sp. /J18/M01と同配列
Pseudoalteromonas sp. /A25	1994	有明海	Skeletonema costatum	AF227237	多くの珪藻を殺藻するが，C. antiquaとK. mikimotoiを殺藻しない．殺藻物質産生型．
Pseudoalteromonas sp. /A28	1994	有明海	Skeletonema costatum	AF227238	多くの珪藻を殺藻するが，C. antiquaとK. mikimotoiを殺藻しない．A27株，A29株，A30株，A42株も同配列．殺藻物質産生型(プロテアーゼ)．

さらに殺藻物質としてはタンパク質を分解する細胞外酵素が示唆されている．

　グラム陰性の殺藻細菌は，クォーラムセンシングによって細胞間情報伝達を行って殺藻活性を発揮していると考えられている(Skeratt et al. 2002；今井, 2011)（図 2.6）．すなわち，オートインデューサーと呼ばれるシグナル物質を介して

表2.2 続き

株	年	採取地	対象藻類	アクセッション番号	備考
Cytophaga sp. /A5	1990	有明海	*Skeletonema costatum*	AB008031	A5株, A11株, A14株, A15株, A20株は同配列
Cytophaga sp. /A11	1990	有明海	*Skeletonema costatum*	AB008032	A5株, A11株, A14株, A15株, A20株は同配列
Cytophaga sp. /A14	1990	有明海	*Skeletonema costatum*	AB008033	A5株, A11株, A14株, A15株, A20株は同配列
Cytophaga sp. /A15	1990	有明海	*Skeletonema costatum*	AB008034	A5株, A11株, A14株, A15株, A20株は同配列
Cytophaga sp. /A20	1990	有明海	*Skeletonema costatum*	AB008035	A5株, A11株, A14株, A15株, A20株は同配列
Cytophaga sp. /A38	1994	有明海	*Skeletonema costatum*	AB008036	
Cytophaga sp. /A12	1992	有明海	*Skeletonema costatum*	AB008037	A12株, A32株, A35株, A41株は同配列
Cytophaga sp. /A32	1992	有明海	*Skeletonema costatum*	AB008038	A12株, A32株, A35株, A41株は同配列
Cytophaga sp. /A35	1992	有明海	*Skeletonema costatum*	AB008039	A12株, A32株, A35株, A41株は同配列
Cytophaga sp. /A41	1992	有明海	*Skeletonema costatum*	AB008040	A12株, A32株, A35株, A41株は同配列
Flavobacterium sp. /A16	1992	有明海	*Skeletonema costatum*	AB008041	
Flavobacterium sp. /A17	1992	有明海	*Skeletonema costatum*	AB008042	
Flavobacterium sp. /A43	1994	有明海	*Skeletonema costatum*	AB008043	
Flexibacter sp. /A37	1994	有明海	*Skeletonema costatum*	AB008044	
Flexibacter sp. /A45	1994	有明海	*Skeletonema costatum*	AB008045	
Cytophaga sp. /A23	1994	有明海	*Skeletonema costatum*	AB008046	
Saprospira /SS90-1	1990	鹿児島県クルマエビ養殖場海水	*Chaetoceros ceratosporum*	未登録	糸状多細胞, 接触消化, カロテノイド色素
Saprospira /SS91-40	1991	鹿児島県クルマエビ養殖場海水	*Chaetoceros ceratosporum*	未登録	糸状多細胞, 接触消化, カロテノイド色素
Saprospira /SS92-11	1992	鹿児島湾沿岸海水	*Chaetoceros ceratosporum*	未登録	糸状多細胞, 接触消化, カロテノイド色素
Saprospira /SS95-4	1995	鹿児島湾沿岸海水	*Chaetoceros ceratosporum*	未登録	糸状多細胞, 接触消化, カロテノイド色素
Labyrinthula /L93-3	1993	鹿児島湾で採取したアマモ	*Chaetoceros ceratosporum*	未登録	真核生物, 接触消化
Labyrinthula /L95-1	1995	鹿児島湾で採取した海藻(スジアオノリ)	*Chaetoceros ceratosporum*	未登録	真核生物, 接触消化

周囲の細菌密度を検知し，細菌密度が定足数（＝クォーラム）に達したところで様々な遺伝子の発現を活性化させる機構を活用しているというものである．これにより，殺藻物質の生産や接触攻撃を行う際に代謝の無駄がなくなると考えられ

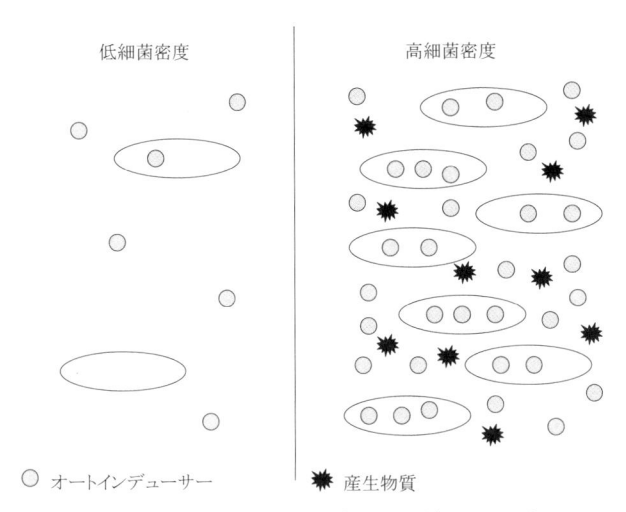

図 2.6 クオラムセンシングの機構(今井,2011)
低い細菌密度ではオートインデューサーの濃度も低いため,当該物質の産生は起こらないが(左図),高い細菌密度の状態になるとオートインデューサーの濃度が上昇し,クオラムセンシングの結果当該物質が産生される.

る.また,ターゲットになる赤潮藻の細胞に殺藻細菌が蝟集する現象が観察されているが(Imai et al., 1995 ; Lovejoy et al. 1998),これもシグナルが働いた結果と想定され,殺藻細菌に有利な性質と考えられる.

広島湾において赤潮ラフィド藻ヘテロシグマとその殺藻細菌の動態が研究された結果,ヘテロシグマ赤潮のピークから消滅期にかけてヘテロシグマ殺藻細菌が増加することが解明された(Imai et al. 1998).そして,その主要メンバーはγ-プロテオバクテリアに属することが判明した(Yoshinaga et al. 1998).また播磨灘においては,滑走細菌である *Cytophaga* sp. J18/M01 株がシャットネラのブルームの後に増加することが明らかにされた(図 2.7)(Imai et al. 2001).以上のように,赤潮プランクトンの増加後に殺藻細菌は増加し,捕食者-被捕食者の関係が現場海域で観察される.

デトライタスや TEP(transparent exopolymeric particles: 透明細胞外高分子粒子)などの凝集物には多くの細菌が付着生息しており,様々な生化学的過程(分解・代謝)のホットスポットになっている(Simon et al. 2002).殺藻細菌も粒

子に付着している場合が多い（Park et al. 2010）．海水中ではそのような粒子の周囲は殺藻活性のホットスポットになっている可能性が高く，殺藻細菌と赤潮藻類の動態に大きな影響を与えているものと考えられる．また上述のクオラムセンシングを介した殺藻作用を考えるならば，TEP 等の粒子上に殺藻細菌が集まって存在すれば，殺藻作用もスムーズに進行する可能性があろう．

微生物を用いた赤潮の制御は，環境に優しい赤潮予防対策として期待される．殺藻細菌は，1) 対象の赤潮藻類に強く作用し他には影響は軽微で種数も少ない，2) 現場水域に生息し海水中で増殖できる，3) 他の動物プランクトンや魚介類等に無害であるといった性質を備えるのが望ましい．加えて，作用後の細菌は原生動物による捕食等を通じて速やかに減少し，赤潮生物由来の有機物の内，死骸は底生生物群集の食物網に，溶存有機物は微生物食物網に参入していくと想定される．

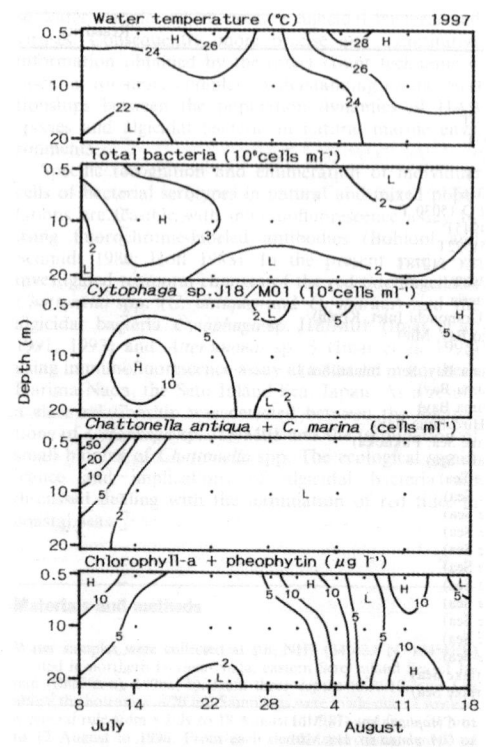

図 2.7　1997 年夏季の播磨灘の定点（NH$_3$）における全細菌数，殺藻細菌 Cytophaga sp. J18/M01，シャットネラ細胞数（C. antiqua と C. marina），およびクロロフィル a とフェオフィチン濃度の変動（Imai et al. 2001）

5．藻場とアマモ場を活用した赤潮の発生予防対策

殺藻細菌の生態研究の過程において，莫大な数の殺藻細菌がアオサやマクサ，

褐藻類（ウミトラノオとタマハハキモク）の表面に生息している事実が発見された（Imai et al. 2002）。その数は，海藻1g当たり10万～100万にも上った（図2.8）。特に渦鞭毛藻のカレニア，ラフィド藻のヘテロシグマやフィブロカプサが良く殺滅されるという傾向が認められた。また藻場の海水中にも，当該種の赤潮は発生していないにもかかわらず，様々な有害有毒プランクトンの殺藻微生物が大量に生息していることが判明した（Imai et al. 2002）。主要な殺藻細菌は赤潮水域の場合と同様に，γ-プロテオバクテリアやバクテロイデス門に属し，また α-プロテオバクテリアの仲間も分離された（Imai et al. 2006b）。

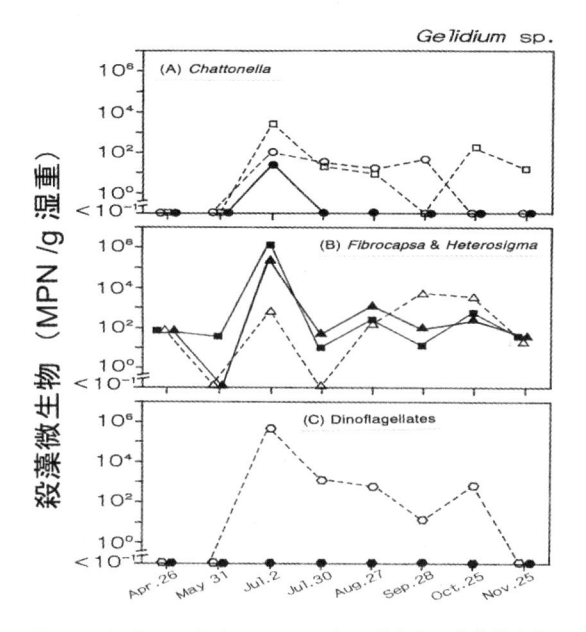

図2.8 紅藻マクサ（Gelidium sp.）に付着する殺藻微生物（キラー）の季節的変動（Imai et al. 2002）
A：□Chattonella antiqua キラー，○C. marina キラー，●C. ovata キラー，B：■Fibrocapsa japonica キラー，△Heterosigma akashiwo 893 キラー，▲H. akashiwo IWA キラー，C：⬡Karenia mikimotoi キラー，⬢Heterocapsa circularisquama キラー

このような研究成果を基に，有害赤潮の発生予防対策として2つの方策が提案できる。先ず，養殖場海域における魚介類と海藻類の混合養殖が挙げられる（図2.9）。その場合，海藻類は魚介類の排泄物としての栄養塩類を同化吸収すると同時に，殺藻細菌を周囲の海水中に大量に放出すると想定される（Imai et al. 2002）。それらの殺藻細菌は殺藻作用を通じて，有害赤潮の発生を未然に予防してくれると期待される。また人工的な藻場造成（図2.10）も，単に藻場回復事業としての

みでなく有害赤潮の発生予防を意図した事業として，積極的に位置付けて取り組むのも意義があると思われる（Imai et al. 2006a）．離岸堤や防波堤，人工リーフといった海岸構造物の設置と組み合わせれば，経済的波及効果も大きいであろう．

さらに表 2.3 に示したように，アマモ場においてもアマモの葉体表面にアマモ

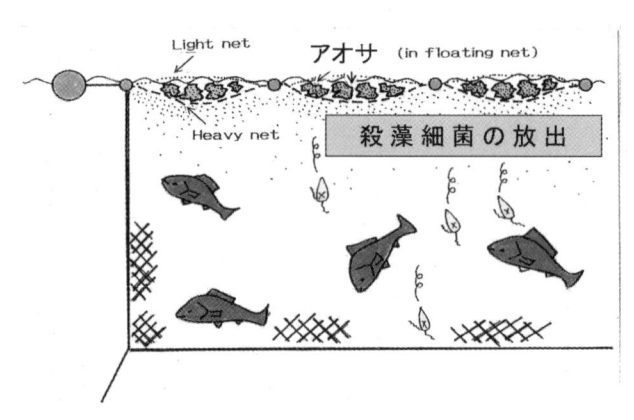

図 2.9　海藻と魚介類の混合養殖による赤潮の発生予防に関する概念図
（Imai et al. 2002）
養殖している海藻の表面が殺藻細菌の供給源として機能する

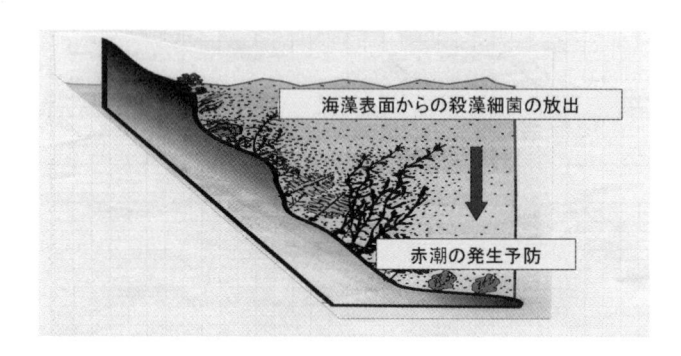

図 2.10　沿岸域において造成した藻場による赤潮の発生予防に関する概念図
（Imai et al. 2006a）
繁茂する海藻の表面が殺藻細菌の供給源となる

表 2.3 2006 年 7 月 13 日に大阪府箱作海岸のアマモ場から得たアマモ試料および海水から検出された 5 種の赤潮プランクトンに対する殺藻細菌の密度(Imai et al. 2009)

PAB（粒子付着細菌 particle-associated bacteria），FLB（浮遊細菌 free-living bacteria）

対象赤潮プランクトン種	殺藻細菌		
	アマモ葉体 ($\times 10^6$ / g 湿重)	アマモ場海水 ($\times 10^3$ / ml)	
		PAB	FLB
Chattonella antiqua	9.19	4.8	0
Heterosigma akashiwo	0	2.4	0
Heterocapsa circularisquama	9.19	0	0
Karenia mikimotoi	64.3	2.4	0
Cochlodinium polykrikoides	27.6	2.4	0

1g 当たり 1,000 万～9,000 万もの殺藻細菌が付着する新事実が見いだされた（Imai et al. 2009）．この発見により，アマモ場の造成が単なる自然回復の旗印でなく，実際に有害赤潮に対する発生予防対策として重要なことが主張できよう．

コクロディニウムは光合成をしながら餌生物を捕食する混合栄養生物であり，細菌も捕食すると報じられている（Jeong et al. 2004）．実際に，赤潮水域から分離した殺藻細菌を作用させても再現性の良い殺藻現象が起こらず，特に直接接触型の殺藻細菌は全く無力であった（Imai and Kimura, 2008）．このような殺藻細菌に対する抵抗の能力が，韓国における本種赤潮の長期継続発生の原因と考えられた．藻場やアマモ場にはコクロディニウムに有効な殺藻細菌が多く生息している可能性があり（表 2.3），この観点から追究して行けば，本種赤潮の抑制に道が拓けるであろう．

このような藻場やアマモ場の赤潮抑制機能は，バイオレメディエーションの観点から捉えると，最も理想的なものと考えられる．すなわち，殺藻活性の主体となる微生物（殺藻細菌）のための環境を藻場やアマモ場が整え（バイオスティミュレーション），かつ海藻やアマモの表面から殺藻細菌が海水中へ継続的に供給される（バイオオーグメンテーション）システムである．しかも，一度構築された藻場やアマモ場は光合成生物によって成立しており，このシステムを連続的に維持するためのコストは殆ど不要である事が最も大きなメリットと言えよう．

6. 沿岸域の環境保全と藻場やアマモ場の修復の重要性

　瀬戸内海において，高度経済成長時代には水域の富栄養化と同時に護岸工事や埋め立てにより，藻場やアマモ場，干潟，浅海域が大規模に失われた（図 2.11）．これは殺藻細菌の生息場を大規模に喪失したことを意味しており，同時に赤潮を抑える海の力を失ってきたことを意味する．また磯焼けによる藻場消失も深刻であり，これも赤潮抑制にマイナス材料となったといえる．

　水域の富栄養化によって栄養塩濃度が高くなった場合，植物プランクトンがまず最初に反応し，その時に最も適応した種が大量増殖して海を着色させ赤潮を形成する．有害な赤潮は，養殖魚介類の大量斃死を引き起こすことにより養殖業にとって脅威となるのは勿論であるが，水域に大量発生した植物プランクトンはあまりに量が多く，大部分は食物連鎖の高次生物へと転送されることなく余剰有機物として海底に沈降し，分解過程で酸素消費を通じて底層の貧酸素化や無酸素化を招いて底生生物に悪影響を及ぼす．また底層の無酸素化に伴って大規模に硫化水素が発生すると，その水塊が気象海象条件により浅場や表層に移動湧昇した時に青潮が起こり，ベントスや稚仔魚を中心とした魚介類が大量斃死することがある．沿岸水域におけるこのような貧酸素水塊の拡大は，深刻な環境問題といえる．

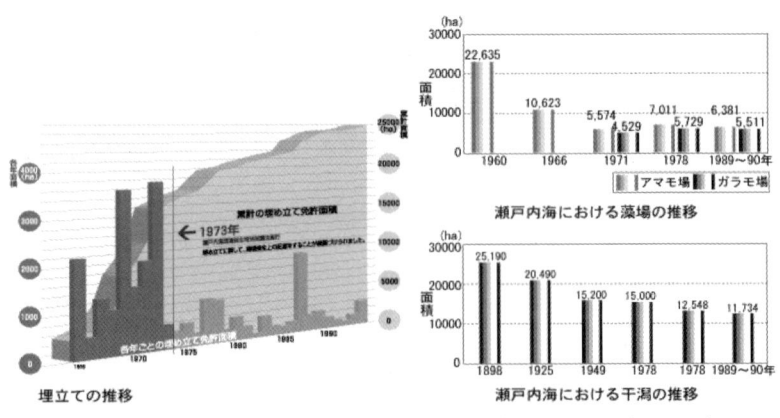

図 2.11　瀬戸内海における埋立ての推移，および藻場と干潟の減少の歴史
（瀬戸内海環境保全協会，2011）

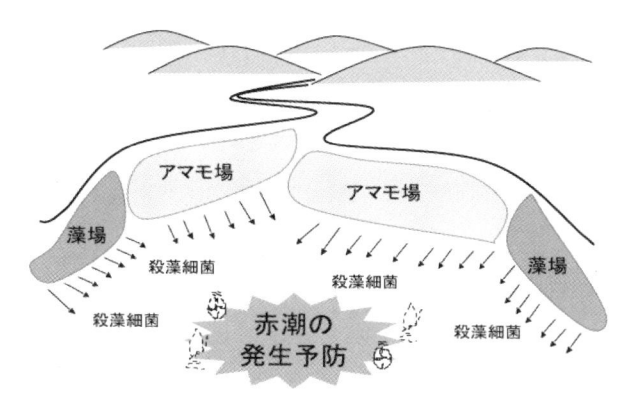

図 2.12 沿岸において里海構想の一貫として藻場やアマモ場を回復あるいは造成し,有害赤潮の発生予防を目指す例の概念図 (Imai et al. 2009)
殺藻細菌が広く沿岸水域に供給され,赤潮の発生予防が期待できる

　長期的な視点から,沿岸域において藻場やアマモ場を修復・造成し,有害赤潮の発生予防を目指すという考えが,里海構想(柳,2010)の一貫として提案できる(図2.12).藻場やアマモ場起源の殺藻細菌が水域に継続的に供給されることにより,赤潮の発生予防が期待できる.水域全体の流況を考慮し,藻場やアマモ場を通過した海水が養殖水域や他の主要な水域に影響するように配慮すれば効果的と考えられる.

　水深の大きい場所では,藻場やアマモ場の自然な造成は不可能であろう.しかし海域全体にとって重要な場所に藻場やアマモ場を人工的に造成することは,重要な事業と思われる.このような観点から,浮体藻場(可能ならば浮体アマモ場)を造成してみるのは有効と考えられる.あるいは,メガフロートやギガフロートのような浮体構造物の周辺に浮体藻場を意図的に大規模に配置するというのも,将来考慮すべきであろう.

7. おわりに

　藻場,アマモ場,干潟等の浅場は,有用水産資源の稚仔涵養の場として重要であることは論を待たない.浅場に負荷された栄養塩類や有機物は,生息する付着・底生珪藻,細菌,原生生物,ベントスや葉上動物等の多様で長寿命の生物に食物

連鎖を通じて速やかに配分される.したがって大局的に見るならば,栄養物質の流れとしては短絡的な植物プランクトンの大増殖を,藻場やアマモ場,干潟は予防しているのである.このように物質循環の観点からみても,藻場やアマモ場,干潟は植物プランクトンの異常発生を予防する機能を持っていると見なす事ができ,ひいては有害赤潮の発生をある程度予防できると考えられる.

　藻場やアマモ場における赤潮プランクトン殺滅の担い手は,前述したように実際は殺藻能を有する微生物である.藻場,アマモ場等の再生修復および規模拡大により,赤潮の発生を抑制する能力を沿岸水域に与える事が出来れば,瀬戸内海の赤潮発生件数の下げ止まりを打破し,現在の半分程度,すなわち高度経済成長時代の開始時期の水準である年間50件以下に抑制できるのではないかと予測できる.海藻やアマモは人々から一般的に好ましいイメージを持たれていることから,沿岸域における藻場やアマモ場の造成活用,あるいは沖合域での混合養殖は,里海構想の一貫と位置付けられ,究極的な有害赤潮の発生予防対策になることが期待される.

引用文献

Constanza, R., R. d'Arge, R. de Groot, S. Farber, M. Grasso, B. Hannon, K. Limburg, S. Naeem, R.V. O'Neill, J. Paruelo, R.G. Raskin, P. Sutton and M. van den Belt. The value of the world's ecosystem services and natural capital. Nature 387：253-260.

今井一郎 1990.有害赤潮ラフィド藻 *Chattonella* のシストに関する生理生態学的研究.南西水研研報 23：63-166.

今井一郎 1997.直接接触攻撃型殺藻細菌による海産植物プランクトンの殺藻様式.日本プランクトン学会報 44：3-9.

今井一郎 2000.赤潮の発生 – 海からの警告 –.遺伝 54(9)：30-34.

今井一郎 2009.有害有毒赤潮の生物学(1)有害有毒赤潮序論.海洋と生物 31：80-84.

今井一郎 2010a.有害有毒赤潮の生物学(7)シャットネラ赤潮の発生予知.海洋と生物 32：89-958.

今井一郎 2010b.有害有毒赤潮の生物学(11)シャットネラ赤潮と漁業被害および被害軽減対策.海洋と生物 32：501-506.

今井一郎 2010c.有害有毒赤潮の生物学(12)赤潮の防除対策.海洋と生物 32：584-588.

今井一郎 2011.有害有毒赤潮の生物学(15)殺藻細菌による赤潮プランクトンの殺藻機構 -1.海洋と生物 33：254-259.

Imai, I. and S. Kimura 2008. Resistance of the fish-killing dinoflagellate *Cochlodinium polykrikoides* against algicidal bacteria isolated from the coastal sea of Japan. Harmful Algae 7：360-367.

Imai, I. and M. Yamaguchi 2012. Life cycle, physiology, ecology and red tide occurrences of the fish-killing raphidophyte *Chattonella*. Harmful Algae 14：46-70.
今井一郎・吉永郁生 2002. 赤潮の予防と駆除. 今中忠行・加藤千明・加藤暢夫・倉根隆一郎・西山徹・八木修身 編, 微生物利用の大展開, エヌ・ティー・エス, 東京, 881-888.
Imai, I., Y. Ishida and Y.Hata 1993. Killing of marine phytoplankton by a gliding bacterium Cytophaga sp., isolated from the coastal sea of Japan. Marine Biology 116：527-532.
Imai, I., Y. Ishida, K. Sakaguchi and Y. Hata 1995. Algicidal marine bacteria isolated from northern Hiroshima Bay, Japan. Fisheries Science 61：624-632.
Imai, I., M.C. Kim, K. Nagasaki, S. Itakura and Y. Ishida 1998. Relationships between dynamics of red tide-causing raphidophycean flagellates and algicidal micro-organisms in the coastal sea of Japan. Phycological Research 46：139-146.
Imai, I., T. Sunahara, T. Nishikawa, Y. Hori, R. Kondo and S. Hiroishi 2001. Fluctuations of the red tide flagellates *Chattonella* spp. (Raphidophyceae) and the algicidal bacterium *Cytophaga* sp. in the Seto Inland Sea, Japan. Marine Biology 138：1043-1049.
Imai, I., D. Fujimaru and T. Nishigaki 2002. Coculture of fish with macroalgae and associated bacteria：A possible mitigation strategy for noxious red tides in enclosed coastal sea. Fisheries Science 68 (Supplement)：493-496.
Imai, I., M. Yamaguchi and Y. Hori 2006a. Eutrophication and occurrences of harmful algal blooms in the Seto Inland Sea, Japan. Plankton and Benthos Research 1：71-84.
Imai, I., D. Fujimaru, T. Nishigaki, M. Kurosaki and H. Sugita 2006b. Algicidal bacteria isolated from the surface of seaweeds from the coast of Osaka Bay in the Seto Inland Sea. African Journal of Marine Science 28：319-323.
Imai, I., T. Yamamoto, K.I. Ishii and K. Yamamoto 2009. Promising prevention strategies for harmful red tides by seagrass beds as enormous sources of algicidal bacteria. Proceedings of Fifth World Fisheries Congress, TERRAPUB, Tokyo, 6c_0995_133.
Jeong, H.J., Y.D. Yoo, J.S. Kim, T.H. Kim, J.H. Kim, N.S. Kang and W.H. Yih 2004. Mixotrophy in the phototrophic harmful alga *Cochlodinium polykrikoides* (Dinophyceae)：prey species, the effects of prey concentration, and grazing impact. Journal of Eukaryotic Microbiology 5：563-569.
香川県 1988. 昭和62年播磨灘に発生したシャットネラ赤潮の概要と対応. 173p.
Kondo, R. and I. Imai 2001. Polymerase chain reaction primers for highly selective detection of algicidal Proteobacteria. Fisheries Science 67：364-366.
Kondo, R., I. Imai, K. Fukami, A. Minami and S. Hiroishi 1999. Phylogenetic analysis of algicidal bacteria (family *Flavobacteriaceae*) and selective detection by PCR using a specific primer set. Fisheries Science 65：432-435.
Lovejoy, C., J.P. Bowman, G.M. Hallegraeff 1998. Algicidal effects of a novel marine *Pseudomonas* isolate (class Proteobacteria, gamma subdivision) on harmful algal bloom species of the genera *Chattonella, Gymnodinium*, and *Heterosigma*. Applied and Environmental Microbiology 64：2806-2813.

松山幸彦 2003. 有害渦鞭毛藻 *Heterocapsa circularisquama* に関する生理生態学的研究-1. *H. circularisquama* 赤潮の発生および分布拡大機構に影響する環境要因等の解明. 水研センター研報 7：24-105.
Millennium Ecosystem Assessment 編 2007. Ecosystems and Human Well-being: Synthesis（生態系サービスと人類の将来）. World Resource Institute, 横浜国立大学 21 世紀 COE 翻訳委員会訳，オーム社，東京，241p.
村上彰男 1976. 赤潮と富栄養化. 公害対策技術同友会，東京，207p.
日本水産資源保護協会 1994. 赤潮対策技術開発試験等の成果の要約. 有害藻類等対策支援検討事業，技術の向上，国際情報化対策事業報告書，282p.
岡市友利（編）1997. 赤潮の科学第 2 版. 恒星社厚生閣，東京，337p.
Park, J.H., I. Yoshinaga, T. Nishikawa and I. Imai 2010. Algicidal bacteria in particle-associated form and in free-living form during a diatom bloom in the Seto Inland Sea, Japan. Aquatic Microbial Ecology 60：151-161.
瀬戸内海環境保全協会 2011. 平成 22 年度瀬戸内海の環境保全. 102p + 80p.
代田昭彦 1992. 赤潮の対策研究と技術開発試験の経緯と展望. 月刊海洋 24：3-16.
Simon, M., H.P. Grossart, B. Schweitzer and H. Ploug 2002. Microbial ecology of organic aggregates in aquatic ecosystems. Aquatic Microbial Ecology 28：175-211.
Skeratt, J.H., J.P. Bowman, G. Hallegraeff, S. James and P.D. Nichols 2002. Algicidal bacteria associated blooms of a toxic dinoflagellate in a temperate Australian estuary. Marine Ecology-Progress Series 244：1-15.
水産庁 2000. 平成 11 年度（平成 7~11 年度）海洋微生物活用技術開発試験・最終報告書 － 海洋微生物による赤潮藻殺滅のためのバイオコントロール －. 293p.
水産庁瀬戸内海漁業調整事務所 2011. 平成 22 年瀬戸内海の赤潮. 67p.
山口峰生 1994. *Gymnodinium nagasakiense* の赤潮発生機構と発生予知に関する生理生態学的研究. 南西水研研報 27：251-394.
山本圭吾・中嶋昌紀・田淵敬一・實野米一 2009. 2007 年春期に大阪湾で発生した *Alexandrium tamarense* 新奇赤潮と二枚貝の高毒化. 日本プランクトン学会報 56：13-24.
柳哲雄 2010. 里海創生論. 恒星社厚生閣，東京，160p.
吉田謙太郎 2011. 農林水産業に関する生物多様性と生態系サービスの経済価値評価. 日本農学会編，シリーズ 21 世紀の農学，農林水産業を支える生物多様性の評価と課題，養賢堂，東京，173-192.
Yoshinaga, I., T. Kawai and Y. Ishida 1995. Lysis of *Gymnodinium nagasakiense* by marinr bacteria. Lassus, P., G. Arzul, E. Erard, P. Gentian and C. Marcaillou eds., Harmful Marine Algal Blooms, Lavoisier, Intercept Ltd., Paris, 687-692.
Yoshinaga, I., M.C. Kim, N. Katanozaka, I. Imai, A. Uchida and Y. Ishida 1998. Population structure of algicidal marine bacteria targeting the red tide forming alga *Heterosigma akashiwo* (Raphidophyceae), determined by restriction fragment length polymorphism analysis of the bacterial 16s ribosomal RNA genes. Marine Ecology-Progress Series 170：33-44.

第3章
微生物を活用して三宅島噴火跡地の緑を回復する

山中高史
森林総合研究所

1. はじめに

　東京の南，約200キロに位置する伊豆諸島三宅島が2000年6月に噴火して，11年が経った．有毒の火山ガス（SO_2）の放出量も，噴火当初は，1日あたり数万tであったが，ここ数年は，1,000tよりも低くなる場合もあり噴火活動はかなり収まってきている．一方で，山頂部の火口付近を中心に島全体に火山灰が堆積し，島の植生を破壊して，豪雨の際には，降雨は地表面を流れて泥流となり，海岸地区にある住居地区へ被害を及ぼした．その泥流の発生を抑えるため砂防工事が多くなされてきたが，根本的には土壌浸食や地表流を防ぐために森林植生の回復が重要である．

　三宅島は，富士箱根伊豆国立公園に指定され，2000年噴火の前には島固有の生態系を作り上げており，島の植生の回復は基より，その生態系の再現をも目指すことが求められる．ここでは，土壌中に生息する微生物の機能に注目して，三宅島の植生回復に向けた取り組みについて紹介する．

2. 三宅島火山噴火跡における微生物群集

　三宅島では，2000年噴火の前までに，14回の噴火活動が記録されており，近年は，1940年，1962年および1983年に火山が噴火した（表3.1）．これらの噴火はいずれも，島の中央に位置する雄山の山腹において発生した．それらは短

表3.1 三宅島火山のこれまでの噴火歴

活動開始年	噴火地点	活動期間
1085	西側山腹	記述なし
1154	北東山腹	記述なし
1469	西側山腹	記述なし
1535	南東山腹	記述なし
1595	南東山腹	記述なし
1643	南西山腹	3週間
1712	南西山腹	2週間
1763	山頂, 南西山腹	7年間
1811	北東山腹	1週間
1835	西側山腹	10日間
1874	北側山腹	2週間
1940	北東山腹	24日間
1962	北東山腹	3日間
1983	南西山腹	2日間
2000	山頂	11年(現在まで)

宮崎(1984)および津久井ら(2001)の記載を表にまとめた

期間で収まり,その後には様々な植物群落が発達した.それらは,ハチジョウイタドリやハチジョウススキなどの草本類が生育する場所や,そこにオオバヤシャブシが混在する場所,さらにスダジイやタブノキなどの極相林を形成する場所などであった.また,海岸付近では,クロマツなどの生育も認められていた.一方,土壌中にも様々な種の微生物が生育し,菌根菌や根粒菌などは,植物の根に感染して,養水分の授受に関する共生関係を植物との間に成立させており,その生育様式は,植物の種類や土壌環境に大きく影響を受けていることが予想された.

そこで,噴火活動によって生じた荒廃地に生育する樹木の種に応じて成立した共生微生物群集の特徴を明らかにするため,1940年および1962年噴火の噴出物が堆積した島東部ひょうたん山付近のオオバヤシャブシまたはクロマツが生育する地点(図3.1),および1983年噴火の噴出物が堆積した島南部新澪池跡付近の土壌を用いて,土壌中の微生物群集を調査した(山中・岡部,2003).用いた方

図3.1 三宅島噴火跡に生育するオオバヤシャブシ(左)とクロマツ(右)

法は，採取した土壌において，樹木の苗を育てる方法，釣り上げ法である．つまり，採取土壌中の微生物群集を，その土壌で育てた苗に形成される菌根によって評価する（植物によって釣り上げる）方法である．1999 年 3 月に，これらの地点で樹木の根系付近の土壌を採取し，その土壌へオオバヤシャブシまたはクロマツの実生を植え，その根系に形成される菌根および根粒の形成を観察した．結果を 図 3.2 に示す．

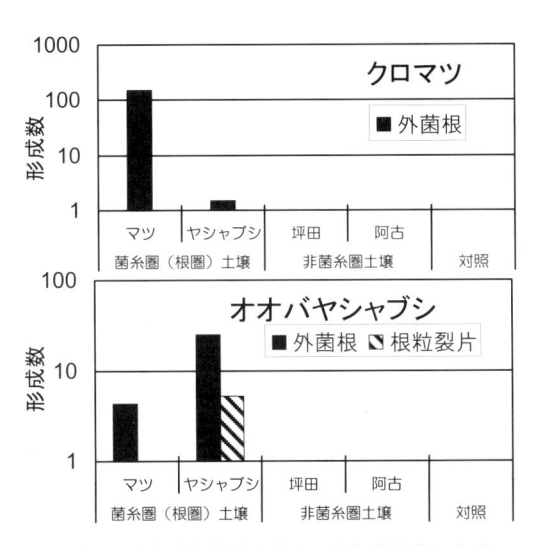

図 3.2 三宅島噴火跡地土壌中の外生菌根菌およびフランキア菌の生息様式
山中・岡部 (2003) のデータに基づいて作図

クロマツ苗を，クロマツ生育地土壌にて育てた場合，一個体あたり，150.2 個の菌根が形成されたが，クロマツ苗をオオバヤシャブシ生育地土壌で育てた場合，0.5 個の菌根が形成された．一方，オオバヤシャブシ苗を，クロマツ生育地土壌にて育てた場合，1 個体あたり，4.4 個の菌根が形成されたが，クロマツ苗をオオバヤシャブシ生育地土壌で育てた場合，24.8 個の菌根が形成された．また根粒は，クロマツ生育地土壌においては，1.0 個形成されたが，オオバヤシャブシ生育地土壌においては，5.3 個形成された．

一方，植物の生育していない地点の土壌，または対照とした無菌土壌にてクロマツおよびオオバヤシャブシを育てた場合，菌根は形成されていなかった．

以上の結果から，それぞれの樹種に特異な外生菌根菌および根粒菌が生息していることが明らかになった．また，これら樹木の生育していない地点では，菌根菌や根粒菌の存在を認めることはできず，これら微生物は樹木に強く依存していることが示唆された．このように樹木の根に共生する菌根菌の種については，宿主樹木の種によって大きく異なることがわかった．

3. 共生微生物の種とその機能

　前述のように三宅島は，それまでの噴火後に成立した植物群落に応じて菌根菌や根粒菌が生息し，噴火後の荒廃地での植物の成長を支えている．カバノキ科のオオバヤシャブシは，放線菌の一種フランキア菌の感染により根粒を形成して，そこで窒素固定を行う樹種である．また，菌根菌との共生関係も成立させる．

（1）根　粒　菌

　放線菌の1種フランキア菌によって根粒を形成するのは，世界では，8科25属が知られ，わが国においては，ハンノキ属，ヤマモモ属，モクマオウ属，グミ属およびドクウツギ属がある．フランキア菌は根粒内部において大気中の窒素を固定する．樹木は固定された窒素を栄養源として利用するため，肥料木，街路樹，防風林および防砂林を構成する樹種として積極的に植栽されている．

　フランキア菌による根粒の形態の特徴の一つは，マメ科樹木の根粒とは異なり，多年生であり，毎年分岐と伸長を繰り返してサンゴ状に大きくなっていく（図3.3）．その形状や色は樹種によって異なり，濃褐色から淡褐色，黄土色などである．根粒の1個1個の枝は裂片と呼ばれるが，この形状は，肥大して塊状になるものから円筒状になるものまで様々である（山中・岡部，2008）．

　フランキア菌は，通常，根粒から分離するが，その成長が遅く，雑菌などの方が速く拡がってしまうなどのため菌の分離が非常に困難であり，1978年にヤマモモの仲間の *Comptonia peregrina* 根粒からの分離報告が初めての事例である（*Callaham* et al., 1978）．わが国においては，ドクウツギ以外の樹木から菌の

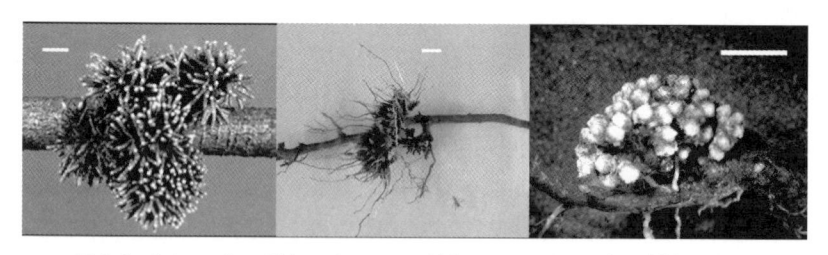

図3.3　ヤシャブシ（左），ヤマモモ（中），マルバアキグミ（右）の根粒
スケールは，5mm（左図のみ1cm）

分離に成功している．

フランキア菌の形態の特徴としては，繊維状の栄養菌糸，胞子塊および小胞体の3つがある（図3.4）．栄養菌糸は，幅 0.5-2.0μm で色は菌糸の鮮度にも関係するが，分離した樹木の種によって異なり，ヤマモモやグミの根粒から分離したものは桃色から珊瑚色であり，それ以外のものは，白色，灰色および薄紫色である．胞子塊（sporangium）は，円形，円筒形，もしくは様々な形をしており，長さ 100μm にもなることもあり，内部には胞子が充満している．胞子は大きさ 1-5μm である．小胞体（vesicle）は，ほぼ円形をした有柄の構造物であり，窒素固定酵素であるニトロゲナーゼの存在部位であり，窒素源を加えない培地では小胞体が多く形成されて，大気中窒素を固定して増殖する．成長に適した温度は 25 度から 30 度である．

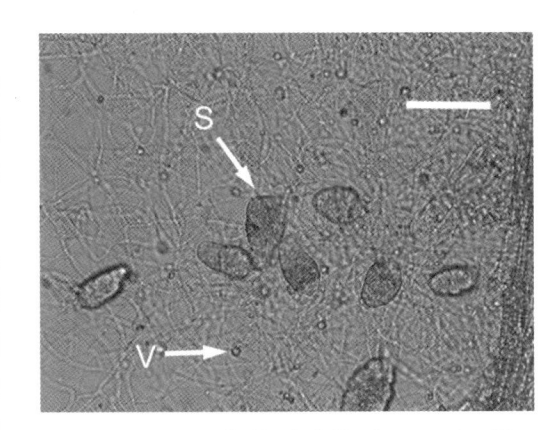

図3.4　ヤチヤナギ根粒から分離したフランキア菌
S：胞子塊，V：小胞体　スケールは，50μm

フランキア属は，上述した培養菌糸の特徴などから，明瞭に類縁属と識別されるが，属内の種については，現在のところ種を区分できる形態的特徴として広く認識されたものはない．そのため，分離菌を様々な樹種に接種した際の根粒の形成についての生態情報，窒素固定遺伝子（*nif*）および 16S rRNA 遺伝子の配列の解読による遺伝情報に基づいたグループ分けがこれまで行われてきている（Baker, 1987；Benson and Dawson, 2007）．

樹木との共生関係における根粒菌の機能としては，大気中から固定した窒素を樹木に供給することであり，それによって樹木は，土壌中に窒素分が少ない場合でも良好に成長する．今回，オオバヤシャブシを用いたフランキア菌の接種試験においてもそのことは示されている．フランキア菌を接種して根粒を形成させたオオバヤシャブシ苗に，窒素濃度を変えた肥料を散布した．その結果，窒素濃度

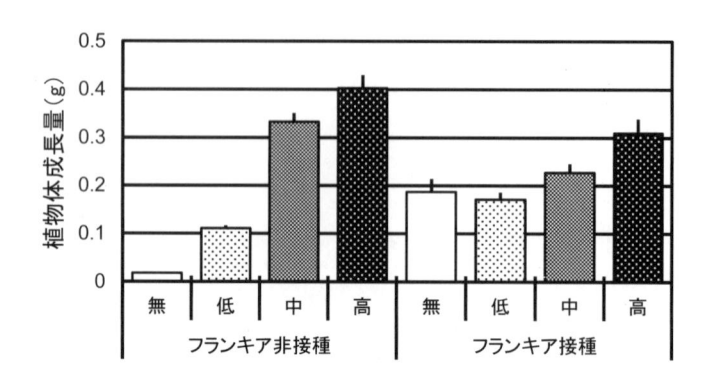

図 3.5 フランキア菌の接種によるオオバヤシャブシの成長効果
無：窒素無添加，低：0.13mgN，中：0.53mgN，高：2.1mgN（窒素添加量/個体/週）

の低下に伴って根粒の形成数および窒素固定活性は上昇したものの，植物体の成長量は，窒素濃度に関わらず有意な差は認められなかった．一方で，フランキア菌を接種しないで育てた場合，オオバヤシャブシは根粒を形成しておらず，また窒素固定活性も検出できず，その成長量は，加えた窒素濃度に比例して大きくなった（図 3.5）．これらの結果は，根粒菌フランキアの機能が窒素を樹木に供給することにあることを示している．

（2）菌 根 菌

　菌根菌は，宿主植物への感染様式によって，いくつかのグループに分けられる．ここでは，そのうち外生菌根菌およびアーバスキュラー菌根菌（AM 菌）について紹介する．

　外生菌根菌は，子のう菌や担子菌などの真菌類であり，多くのものがキノコを作る．日本では，マツタケやショウロが，欧米ではトリュフ，アンズタケおよびヤマドリタケなどの食用菌は外生菌根菌である．外生菌根菌には，限られた樹種にのみ菌根を形成するものから，多くの樹種に菌根を形成するものまで様々である．外生菌根の形成された根の化石データによると，外生菌根は約 5,000 万年前に成立していたとみられる（LePage et al., 1997）．

　外生菌根菌は，共生相手の樹木の細根の表面を覆い，根の組織内に菌糸を進入させる．菌糸は細胞間隙に菌糸を拡がらせるが，細胞壁内部にまでは入らない．

したがって，根の断面をみると，根の組織の外側の 1〜数層は，菌糸の侵入により，細胞間隙が肥大したようになる．この細胞の周囲に菌糸で覆われた構造をハルティヒ・ネットといい，細根の周囲を覆う菌糸層（菌套，マントル）とともに外生菌根の構造上の特徴である．外生菌根からは栄養菌糸が土壌中に拡がり，ときには，菌糸が束状になって，菌糸束を形成する．また，これら菌類は，有機物を分解する酵素，または土壌鉱物を風化させるような有機酸やキレート物質を分泌する．一方，細根部の表面を菌糸が覆うことで，乾燥害や病虫害から樹木を保護する．このような菌根菌の機能により，樹木の成長は維持促進される．

地上または地中に発生する子実体が，肉眼で観察することができることから，子実体の調査により，樹木の種や齢，土壌タイプなど発生地の環境の特徴が解析されてきた．しかし，近年は，菌根から抽出された菌の遺伝情報に基づいて種を特定する手法や，土壌から直接に菌根菌を特定する手法が盛んに実施されており，今後多くの情報が集まることが期待される．

外生菌根菌は分離培養できることから，培養条件下での環境要因が及ぼす菌成長の影響に関して研究が進められている．生育温度は多くの場合，20 度から 25 度が最適である（赤間ら，2008）．培地の pH は 5 前後で良好に成長し，これらは野外土壌の pH とほぼ一致する．外生菌根菌は，生きた樹木の根から樹木の光合成産物である糖類を得ることができるため，分解菌や病原菌のように，分解能力は強くない．しかし，外生菌根菌は，AM 菌とは異なり，リンをはじめとする様々なミネラル分を溶かす能力（土壌風化能力（図 3.6））を有し，この能力のおかげで，外生菌根菌が感染した樹木は，

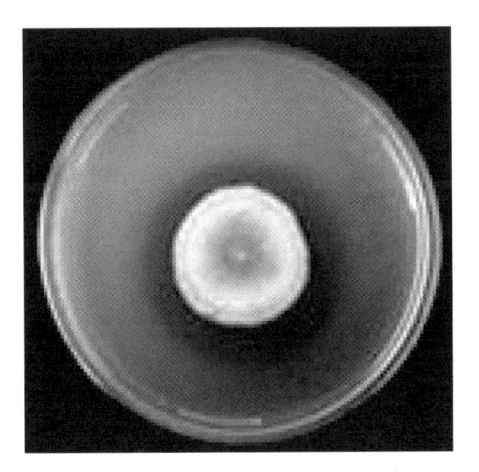

図 3.6 アミタケ培養菌糸における土壌風化能力
白濁した難溶性カルシウムをアミタケ菌が溶かし，菌叢周囲が透明になった

図3.7 オオバヤシャブシ成長への外生菌根菌の影響
左；外生菌根菌接種；右：非接種（対照区）

　火山噴出物の堆積地などでも，これら鉱物からミネラル分を獲得して樹木に供給することができる．

　外生菌根菌の感染による樹木成長効果は，これまで多くの報告がある．オオバヤシャブシの場合，外生菌根菌を接種することによって，樹木の成長が明瞭に向上する．その効果は，根粒菌をあわせて接種した時に明瞭に現れており，樹木に同時に関係を成立させた共生微生物は相乗的な効果をもたらすことが示されている（図3.7, Yamanaka et al., 2003；山中・赤間，2010）．

　AM菌はグロメロ菌類（以前は，接合菌類）に属する．AM菌の特徴の一つには，大型の（最大で0.5mm程度）の胞子を形成することがあげられ（図3.8），単独で，また集合して形成される．外生菌根菌とは異なり，植物に絶対依存性であり，AM菌を分離して培養することは今のところできていない．これまで，胞子の形態特徴からAM菌は同定されてきたが，報告されている種数は150未満であり，これは，地上に生息する植物の約80％がAM性であることを考慮すると非常に種数は少ない（Smith and Read, 2008）

　AM菌は，共生相手の植物の根の細胞壁内部まで侵入し，そこで分岐した樹枝状体（アーバスキュル（arbuscule））やコイル状をした菌糸を形成し，共生相手

である植物との間で物質のやり取りを行う.

根の皮層細胞における菌糸の伸張様式から，AM は，*Arum* 型または *Paris* 型に分けることができ，これらは，樹種によって異なる (Yamato and Iwasaki, 2002). この *Arum* および *Paris* という名称は，それぞれこれらが初めて認められた時の植物の属名である.

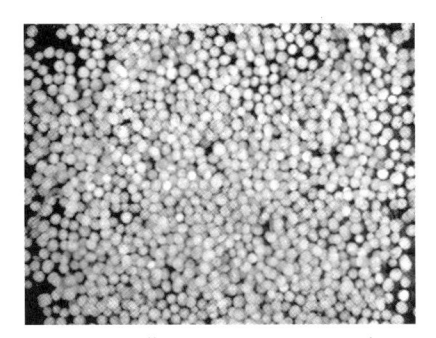

図3.8　AM菌 *Gigaspora margarita* の胞子
森林総合研究所・岡部宏秋 氏 提供

AM 菌は種類によっては，根の細胞内に嚢状体（vesicle）を形成する．これは卵型から箱型をしており，内部には脂質と多くの核を含み，重要な貯蔵器官としての役割が示唆される．AM 菌の働きとしては，他の菌根菌同様，土壌からの養分吸収効率の向上，土壌病原菌や植喰性昆虫からの根の保護，乾燥耐性の向上がある.

AM を形成する植物は多く，植物の約 80 % がこの型の菌根を形成する．樹木においても，ほとんどの種が AM を形成している．わが国における，スギやヒノキなどの有用樹種は，AM 性である．陸上に最初に進出したころの植物の根には，AM に似た菌根が形成されていたことが発見され（Redecker et al., 2000），陸上での生息地拡大への菌根共生の重要性が示唆されるとともに，陸上植物のほとんどがこのタイプの菌根を形成することに合致する.

AM 菌の接種により植物の生長が向上することも，外生菌根菌同様多くの実験例が知られている．根粒菌を形成するオオバヤシャブシにおいても，フランキア菌とAM菌の一種 *Gigaspora margarita* と一緒に接種することで，樹木の成長が相乗的に向上することが報告されている（Yamanaka et al., 2005）.

共生微生物の機能を実験レベルで評価するには，他の土着の微生物群集の影響を排除するため，滅菌した土壌で，無菌的な菌の接種が行われてきている．しかし，現場で適用するに際しては，現場の条件を再現して共生菌の効果を評価する必要がある．そこで，有菌下でのフランキア菌の接種効果を調べた．オオバヤシ

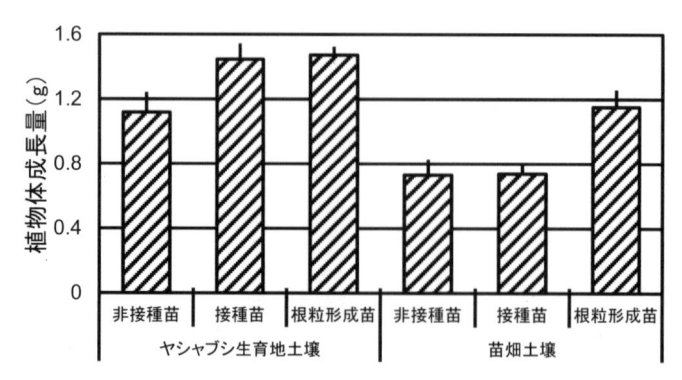

図 3.9　有菌土壌でのオオバヤシャブシ成長へのフランキア菌接種の影響

ャブシを無菌土壌で育て，フランキア菌を接種して根粒を形成させた後，苗畑またはヤシャブシ生育地から採取した有菌土壌に移植した．また，これらの有菌土壌に移植する際にフランキア菌を接種した菌も用意し，その後のオオバヤシャブシの成長，根粒の形成，窒素固定活性を測定し，フランキア菌を接種しないで育てた場合を対照としてフランキア菌接種の有効性を評価した．

　あらかじめ根粒を形成させて移植した苗（根粒形成苗）は，非接種苗に比べてヤシャブシ生育地土壌で 1.3 倍，苗畑土壌で 1.6 倍に成長した（図 3.9）．ヤシャブシ生育地の土壌には多くのフランキア菌が潜在しているため，人為的接種の効果が最も出にくいと予想されたが，根粒菌接種の効果が認められた．また，有菌土壌に移植した際に菌を接種した苗（接種苗）も，ヤシャブシ生育地土壌で育てた場合，非接種苗に比べて 1.3 倍成長が向上したが，苗畑土壌ではフランキア菌接種の効果は現れなかった．この理由として，接種したフランキア菌の成長に，苗畑土壌が適しておらず，接種した菌がオオバヤシャブシの根に十分に感染しなかったことが考えられた．一方で，ヤシャブシ生育地の土壌には多くフランキア菌が存在しているにもかかわらず，接種の効果が現れており，土着のフランキア菌が接種の効果を妨げることはなかった．

　同様に，外生菌根菌についてもその有効性を，現場土壌を用いて実施した．無菌土壌で育てたアラカシ，シイノキおよびウラジロガシに，ツチグリまたはニセショウロを接種して感染苗をつくり，これらをスギ造林地土壌で育てたところ，

いずれの種においても，菌根菌を形成させた苗の方が成長が向上した（香山・山中，2010）．

4. 三宅島 2000 年噴火

2000 年噴火は，近年のそれまでの噴火が山腹噴火であったのとは異なり，島中央の雄山は大きく陥没し，そこに生じた火口から火山灰や亜硫酸ガスが噴出した．それにより山頂部を中心に島の森林は壊滅的な被害を受けた（図 3.10）．

地上部の樹木の枯死および土壌表層への火山灰堆積による土壌中の共生微生物の生残有無を明らかにするため，2001 年 10 月に，島内 5 カ所より土壌を採取した．採取は，2000 年噴火によって堆積した火山灰層の表層部とその下層部，その下の噴火前の土壌からの 3 点である（図 3.11）．採取した土壌へオオバヤシャブシ実生を植え，その後の菌根および根粒の形成状況を測定した．その結果，土壌層位による外生菌根菌および根粒菌の生残状況は，採取した地点によって異なっていた．つまり，①火山灰の堆積によって菌根菌や根粒菌が消失した場合，②火山灰の堆積によっても，その下層の噴火前の土壌中にはこれらの菌が生存していた場合，③噴火前の土壌だけでなく，その上に堆積した火山灰中においても，これらの菌が増殖している場合が認められた（図 3.12）．

図 3.10 三宅島 2000 年噴火後の山頂部
火山灰が堆積し，一部に降雨の際に発生した土壌浸食（矢印）が認められる

図 3.11 2000 年噴火によって堆積した火山灰

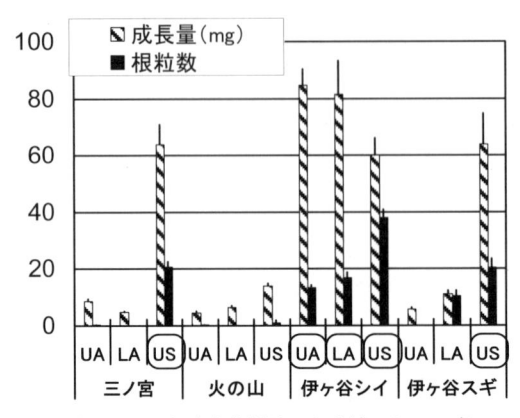

図 3.12　2000 年噴火後採取した土壌において育てたオオバヤシャブシの成長と根粒形成
UA：火山灰層上部，LA：火山灰層下部，US：噴火前土壌
□は根系の 50％以上が菌根化していた試料

この結果に基づいて，被災跡地の植生回復の手法を選定することが可能である．つまり，①の場合は，施業区に，在来の菌根菌や根粒菌は消失されていることが推定されるため，植栽に際しては，人為的な菌根菌や根粒菌の導入が必要である．一方で③の場合は，樹木種子を播種すれば，その発芽した実生は，土壌中の菌の感染を受けて良好に成長する．②の場合は，堆積した火山灰を除去して，そこへ播種する必要がある．

5. 植生回復の取り組み

三宅島火山においては，火口付近に火山灰が堆積し，これが豪雨によって，その表面が浸食を受けて，泥流の発生源となっており，島の周縁部にある住民の生活域に新たな災害を引き起こす可能性が高いため，早急に土壌浸食を抑える必要がある．そのために，草本類を用いた緑化を実施した．島内に生育するハチジョウススキ，ハチジョウイタドリ，オオシマカンスゲなどの草本類を中心にして，それとともに，木本としてオオバヤシャブシを用いた．用いた工法は，火山灰堆積層を除去して，噴火前に存在していた土壌層を露出させ，そこへ種子を播種する工法（バンカー工法，図 3.13）である．噴火前に発達した土壌中には，共生微生物が豊富に生息しており，これら潜在する共生微生物群集を活用するものである．この方法によって，発芽した種子には，直ちに菌根菌が感染し，植物の成長が良好に維持される（図 3.14）．このとき，土壌の流亡を防ぐためにネット，チップ，丸太を敷設する方法などを併せて試みた．また，島の他の地域において，自然に生育する上述の草本類を移植し，また，ポットに播種して育て，そこで菌

第3章　微生物を活用して三宅島噴火跡地の緑を回復する　　（61）

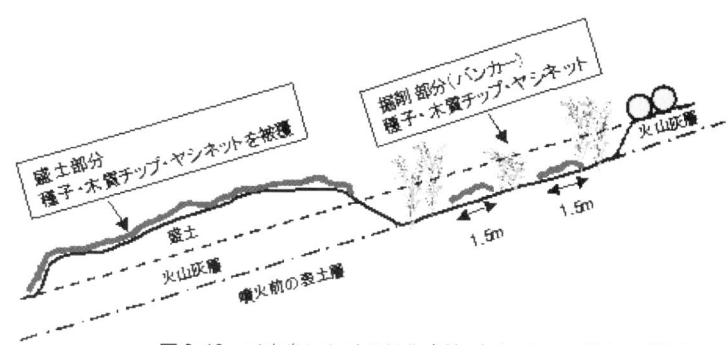

図3.13　三宅島における緑化方法（バンカー工法）の概要

図 3.14　バンカー工法により草本類が定着した 2000 年噴火火山灰堆積地
森林総合研究所・岡部宏秋 氏 提供

根菌を増殖させた後，現場に移植する手法を適用した．ポット内土壌の植物根系には，菌根菌が感染しており，現場植栽後の植物の成長の助けになっている．

　以上によって，草本類を用いて緑化を効果的に進める可能性が示された．本方法は，在来の微生物群集を活用したものであり，地域の生物多様性を再現するものである．今後は，木本類を用いてさらに植生の回復を進め，これによって，噴火前の島の生態系とその機能の回復を目指すとともに土砂災害の発生を抑えるなどして，地域住民の安全な生活の回復に貢献していく．

謝辞

　三宅島調査に際しては，独立行政法人森林総合研究所の岡部宏秋 氏，篠宮佳

樹 氏,志知幸治 氏,小川泰浩 氏,黒川 潮 氏,岡本 透 氏,吉永秀一郎 氏のご協力により実施した.また,森林総合研究所・窪野高徳 氏には,今回の発表の機会を頂き,同じく金子真司 氏には今回の発表に際してご協力を頂いた.心からお礼申し上げます.

また,本調査については,環境省,財務省,林野庁,東京都三宅支庁,東京都三宅村からの許可を得て実施した.

引用文献

赤間慶子・岡部宏秋・山中高史 2008. 様々な培地上における外生菌根菌の成長様式,森林総研研報 7：165-181.

Baker, D.D. 1987. Relationships among pure cultured strains of *Frankia* based on host specificity. Physiologia Plantarum, 70：245-248.

Benson, D.R. and J.O. Dawson 2007. Recent advances in the biogeography and genecology of symbiotic *Frankia* and its host plants, Physiologia Plantarum, 130：318-330.

Callaham, D., P. Del Tredici and J.G. Torrey 1978. Isolation and cultivation in vitro of the actinomycete causing root nodulation in *Comptonia*. Science 199：899-902.

香山雅純・山中高史 2010. 大面積皆伐地の土壌に植栽したシイ・カシ実生の外生菌根菌の接種効果,森林総合研究所九州支所平成 22 年版「年報」pp.10-11

LePage, B.A., R.S. Currah, R.A. Stockey and G.W. Rothwell 1997. Fossil ectomycorrhizae from the middle Eocene. Am. J. Bot. 84：410-412.

宮崎務 1984. 歴史時代における三宅島噴火の特徴,火山 29：S1-S15.

津久井雅志・新堀賢志・川辺禎久・鈴木裕一 2001. 三宅島火山の形成史,地学雑誌 110：156-167.

Redecker, D., R. Kodner and L.E. Graham 2000. Glomalean fungi from the Ordovician. Science 289：1920-1921.

Smith, S.E. and D.J. Read 2008. Mycorrhizal symbiosis. Third edition. Academic Press, San Diego. 1-787.

Yamanaka, T., C.Y. Li, B.T. Bormann and H. Okabe 2003. Tripartite symbiosis in an alder：effects of *Frankia* and *Alpova diplophloeus* on the growth, nitrogen fixation and mineral acquisition of *Alnus tenuifolia*. Plant and Soil 254：179-186.

山中高史・岡部宏秋 2003. 伊豆諸島三宅島での火山噴出物堆積地でクロマツおよびオオバヤシャブシの生育する土壌中における細菌,フランキア菌および外生菌根菌の分布,日本林学会誌 85：147-151.

Yamanaka, T., A. Akama, C.Y. Li and H. Okabe 2005. Growth, nitrogen fixation and mineral acquisition of *Alnus sieboldiana* after inoculation of *Frankia* together with *Gigaspora margarita* and *Pseudomonas putida*. J. For. Res. 10：21-26.

Yamanaka, T. and H. Okabe 2006. Distribution of Frankia, ectomycorrhizal fungi, and bacteria in soil after the eruption of Miyake-Jima (Izu Islands, Japan) in 2000. J. For.

Res. 11 : 21-26.
山中高史・岡部宏秋 2008. わが国に生育する放線菌根性植物とフランキア菌, 森林総研研報 7 : 67-80.
Yamanaka, T., H. Kobayashi and H. Okabe 2009. Effects of *Frankia* inoculation on the growth of *Alnus sieboldiana* in unsterilized soil. J. For. Res. 14 : 183-187.
山中高史・赤間慶子 2010. 外生菌根菌 (*Alpova* sp.) の接種がケヤマハンノキおよびオオバヤシャブシの成長及ぼす影響, 関東森林研究 61 : 149-150.
Yamato, M. and M. Iwasaki 2002. Morphological types of arbuscular mycorrhizal fungi in roots of understory plants in Japanese deciduous broadleaved forests. Mycorrhiza 12 : 291-296.

第4章
アジアの米を土壌汚染から守れ

牧野知之・石川　覚・村上政治
独立行政法人　農業環境技術研究所

1. はじめに

　経済発展が著しいアジア各国では，様々な土壌汚染が広がり，農産物汚染が報告されている．特に，1980年以降，年9％以上の経済成長を続けている中国では，環境汚染が深刻化している．土壌汚染は大気汚染や水質汚染と異なり目で識別できないため，一般には認知され難い．しかし，中国で汚染されている農地は1,000万haにのぼり，そのほか汚染された水で灌漑（かんがい）されている耕作地などを含めると全国の耕作地の10分の1以上にもなる．汚染物質はカドミウム（Cd），銅（Cu），水銀（Hg），クロム（Cr），ニッケル（Ni）鉛（pb）等の重金属，セシウム，ストロンチウム，ヒ素（As），セレン，農薬やフェノール類，石油類など，多様であるが，日中両国で共通する土壌汚染は主に重金属に関係している（姉崎・三好，2011；畑・田倉，2008）．日本でも高度経済成長期のころ，多くの土壌重金属汚染が発生した．本稿では，アジアにおける農用地重金属汚染の起源と環境基準値を概説し，我々が進めてきたCd汚染水田における土壌修復技術の研究結果を紹介する．

2. アジアの農用地における重金属汚染と基準値

　重金属の天然賦存量は土壌によって非常に異なり，その範囲は100倍を超える．土壌汚染の起源と土壌中における存在状態を知ることで，重金属汚染を軽減し，

農業を持続させるための適当な手法を使用することが重要である.

鉱石の採掘,濃縮,廃液排水などを通じて鉱山周辺は様々な種類の重金属の起源となっている.一般的に農用地における重金属汚染は工場跡地に比べ汚染濃度レベルは低いが,面積が広大であるため修復が困難である.アジアにおける主要な農用地汚染の一つとしては As があげられる.高 As 汚染はアルセノパイライトに起因しており,東南アジアの広範な地域に分布し,特に錫鉱山の周辺で認められる (Patel et al., 2005).Cd 汚染で有名な富山県神通川流域の土壌汚染も,神岡鉱山の亜鉛鉱石の主要鉱物である閃亜鉛鉱に含まれる Cd が鉱山廃水として流出したことが原因と考えられている.

一方,わが国では工場排水や焼却炉からの重金属の放出は厳しく制限されているが,アジア諸国ではメタルプレート工場,コーティング・ペイント工場,電化製品工場などの排水に高濃度の Cd が含まれることがある.この排水はしばしば農業用水に混入して水田を汚染する原因となる.中国の場合は大気からの降下による沈着物も主要な汚染経路であり,中国の農用地の As, Cr, Hg, Ni, Pb などの 43～85 ％が大気降下物に由来するとの試算もある (Lao et al., 2009).大気中の重金属は,主に電力,鉱山,精錬,化学肥料などの人間活動に伴う粉じんによるものである.

表 4.1 アジア各国における土壌重金属汚染の事例

	起源	元素	場所	文献
インド	排水の灌漑利用	Pb, Ni, Cu, Cd	Titagarh, West Bengal	Sinha et al., 2006
韓国	鉱山	As, Cd, Cu, Pb, Zn, Hg	Dongjeong	Chung et al., 2005
韓国	亜鉛精錬工場	Cd Zn,	Bonghwa-gun, Kyeongbuk	Hong et al., 2009
マレーシア	肥料と農薬	Zn, Cu, Cr, Cd	Cameron Highlands	Khairiah et al., 2006
フィリピン	金鉱山 (灌漑水)	Hg	Naboc area	Appleton et al., 2006
台湾	地下水(灌漑水)	As	Lanyang	Lee et al., 2008
タイ	鉱山と母材風化	Pb	Ron phibun District	Wattanasen et al., 2006
ベトナム	鉱山	As, Cu	Dai Tu district	Ngoc et al., 2009

また，肥料を通じた農地への重金属の投入は環境への潜在的なリスクとなる．リン鉱石にはたいてい Cd が含まれている．そのため，過リン酸石灰の肥料も微量な Cd を含む．東南アジアにおいて広く広がるリン欠乏の地域ではリン肥料が広く使用されており，肥料由来の汚染が考えられる（Zarcinas et al., 2004）．一方，有機質肥料では下水汚泥由来の場合，Cd などの重金属を含むことが多い（Mishima et al., 2004）．

雨水の Cd 濃度は季節によって，また年によって変動するが，日本においては農地に対する降雨由来の Cd 負荷量は 650mg/ha/year である（Saito, 2004）．水田においても降雨による負荷量は通常の河川からの灌漑水由来より大きい（Saito, 2004）．1990 年代において，中国の農地の 3,618,000ha が様々な排水によってまかなわれており，この面積は総灌漑面積の 7.3 ％を占めるとされる．各種排水の再利用は水不足の軽減に役立つが，特に重金属を中心とした有害物質が農地に負荷され，深刻な環境汚染を引き起こす可能性がある．水資源が不足していて人

表 4.2 中国における重金属汚染土壌の基準値(mg/kg)
(中華人民共和国環境保護省, 1995, 2006)

元素	土地利用		一級	二級			三級
	pH			<6.5	6.5-7.5	>7.5	>6.5
Cd	水田, 畑地, 果樹	≤	0.2	0.3	0.3	0.6	1
	野菜						
Hg	水田, 畑地, 果樹	≤	0.15	0.3	0.5	1	1.5
	野菜			0.25	0.3	0.35	
As	水田, 野菜	≤	15	30	25	20	30
	草地			40	30	25	40
Cu	水田, 畑地, 野菜, 柑橘等	≤	35	50	100	100	400
	果樹			150	200	200	
Pb	水田, 畑地, 果樹	≤	35	80	80	80	500
	野菜			50	50	50	
Cr	水田	≤	90	250	300	350	400
	畑地, 野菜, 果樹			150	200	250	300
Zn		≤	100	200	250	300	500
Ni		≤	40	40	50	60	200

一級：自然土壌，未汚染土壌における基準
二級：農業の生産性および人の健康維持のための基準
三級：農林業の生産性のための基準

表4.3 台湾における重金属汚染土壌の基準値(mg/kg)
(台湾環境保護署, 2006)

元素	全地域	農地
Cd	20	5
Hg	20	5
As	60	60
Cu	400	200
Pb	2000	500
Cr	250	250
Zn	2000	600
Ni	200	200

口過密で発展途上の国や地域,特に乾燥している中国北部で問題となっている.以上の他にもアジア各国における重金属汚染の報告事例は多数あり,その一端を表4.1(前出)に示す.

一方,アジア各国において土壌重金属汚染の規制に関する基本的な策定概念および基準値は大きく異なる.表4.2～4.5に中国,台湾,韓国,日本における基準値を示す.中国では基準値を未耕地とその他に分け,さらに土壌 pH に応じて基準値を設定している.

一般に酸性条件において作物への重金属可給性が高まることを鑑みると,中国の基準値は合理的ともいえる.台湾に関しては,一部の重金属で農耕地基準を設定している以外はシンプルな規制となっている.韓国では土地利用に応じて3種類に大別し,農地には最も厳しい基準値を適用している.一方,土壌重金属に関するわが国の規制法には土壌汚染対策法と農用地土壌汚染防止法がある.土壌汚染対策法は含量基準と溶出基準に分けられ,それぞれ人による土壌の直接摂取,地下水への移行可能性などを考慮して策定されている.農用地土壌汚染防止法の内,カドミウムについては世界的にみてもユニークな規制がとられている.すな

表4.4 韓国における重金属汚染土壌の基準値 (mg/kg)(韓国環境省, 2003)

元素	地域1	地域2	地域3
Cd	4	10	60
Cu	150	500	2000
As	25	50	200
Hg	4	10	20
Pb	200	400	700
Cr^{6+}	5	15	40
Zn	300	600	2000
Ni	100	200	500

地域1:農地,水田,果樹園,泉,大学,公園,墓地
地域2:森林,塩湖,河川,倉庫,遊園地など
地域3:工場,駐車場,ガソリンスタンド,道路,鉄道,堤防,軍事施設

表4.5 日本における重金属汚染土壌の基準値（環境省，2003）

重金属および その化合物	土壌汚染対策法[1]		農用地土壌汚染防止法
	含量基準[2] (mg/kg)	溶出基準[3],[4] (mg/L)	含量基準(mg/kg)
Cd	≤ 150	≤0.01	≤0.4 コメ中
As	≤ 150	≤0.01	<15 in soil （水田のみ）[5]
Cu	基準なし	基準なし	<125 in soil （水田のみ）[6]
Cr(VI)	≤ 250	≤0.05	基準なし
Pb	≤ 150	≤0.01	基準なし
Hg, アルキルHg	≤ 15	≤0.0005	基準なし
Se	≤ 150	≤0.01	基準なし

(1)フッ素，ホウ素や有害な有機物質なども規制する法律
(2) 1M塩酸で抽出，土壌/溶媒 (w/v) % = 3
(3) 水抽出，土壌/水 (w/v) % = 10　(4) 分析方法や基準値は環境基準値と一致
(5) 1M塩酸で抽出，土壌/溶媒＝10g/50mL　(6) 0.1M塩酸で抽出，土壌/溶媒＝10g/50mL

わち，汚染地の指定基準は土壌のカドミウム含量ではなく，その場所で産出されたコメに含まれるカドミウムの含有値（0.4mg/kg 以下）によって決定される．これは次節で述べるように，コメのカドミウム含量が栽培期間中の水管理によって大きく変動するため，土壌カドミウム含量では汚染地を決定できないことによる．

3. 水稲におけるCd汚染の軽減対策

　重金属の一種である Cd は，長期間にわたって，大量に摂取し続けると人の健康に悪影響を生じる可能性がある物質である．現代の日本人の食品からの Cd 摂取量は健康に悪影響を及ぼすレベルにはないとされるが，諸外国に比べると高い傾向にあり，摂取量を減らしていくことが必要である．そのためには，日本人の Cd摂取量の半分近くを占めるコメのCd濃度を減らすことが重要となることから，これまでも水田の水管理（穂が出る時期に水田に水を張ったままにしておくこと）やアルカリ資材の施用等の吸収抑制対策が全国で取り組まれてきた．

　一方，過去の産業活動等から Cd に汚染された水田の中には，吸収抑制対策だけではコメの Cd 濃度を十分に下げることができないものがある．その場合には，

水田土壌に含まれる Cd 濃度を下げる，土壌浄化対策が必要になる．これまでは，土壌浄化対策として主に客土が行われてきたが，この方法はコストが高く，客土に用いる土壌を確保するため山を削る必要があるといった環境上の問題もある．安価で広範囲に適用できる土壌浄化技術の開発が望まれている．

（1）従 来 の 対 策 手 法

① 水管理

水管理による水稲の Cd 吸収軽減は日本で広く行われており，費用対効果の大きな手法である．そのメカニズムは以下のとおりである．水田を湛水すると微生物活動によってまず酸素が消費され，その後，マンガン酸化物，鉄酸化物などが電子受容体となってこれら酸化物の還元溶解が進行し，さらに硫酸イオンが電子受容体となって硫化物イオンが生成する．これらの酸化還元反応を反映して土壌 Eh は大幅に低下する．この硫化物イオンと Cd イオンから溶解度積の小さい難溶性の硫化 Cd が生成するため，土壌溶液中の Cd イオンは急激に減少し，作物への可給性も低下する（Iimura, 1981）．水稲による Cd 吸収量を低減するためには，出穂後 3 週間湛水することが有効であり，できれば収穫期近くまで湛水することが望ましいが，日本では大型のコンバインによって収穫作業を行うことが多く，大型コンバインの重量に耐える地耐圧を確保するため早めに落水する必要がある場合が多い．このため，一般的には出穂後 3 週間湛水し，その後間断灌漑を行う事が多い．湛水管理は，用水の確保や定期的な確認が不可欠な上，水稲による土壌中ヒ素の吸収（Arao et al., 2009）や水田からのメタン発生量の増加等の課題を有してはいるものの，コメ Cd 濃度低減に極めて有効であり，現在，Cd 濃度の高いコメを生産する可能性がある水田約 4 万 ha で講じられている．

② 客土

わが国では従来より主な修復事業として未汚染の土壌を使用する客土が行われている．客土にもいくつかの種類があり，(1) 汚染土壌の上に非汚染土壌を冠土する上乗せ客土，(2) 汚染土壌を除去後，非汚染土壌を客土する排土客土，(3) 汚染されている表層と非汚染の下層を入れ替える天地返し客土などがあげられる．客土は土壌浄化および玄米の Cd 濃度低減に非常に有効で，信頼性の高い方法であるが，①非常に高コスト，②清浄土の確保や運搬に伴う環境影響の発生，③施工

に伴う土壌肥沃度や収量の低下，④周辺農業施設の整備（水路嵩上げ等）が必要等の問題点がある．

(2) 新たな対策手法
① 低吸収品種

　世界には多種多様なイネ品種が存在する．アジアの栽培イネは *Oryza sativa* 種に属し，さらに生態型の違いからジャポニカとインディカに分類される．我々が日常食べている「コシヒカリ」や「あきたこまち」等のジャポニカ米は，概してインディカ米に比べて Cd 濃度が低い（図4.1）（Arao and Ae, 2003）．国内では，コメの Cd 濃度低減対策として湛水管理が広く行われているが，用水の確保が必要である上，土壌の Cd 濃度や水管理によっては，十分な効果が得られない可能性がある．このため，現在の食用品種よりも Cd 濃度の低い品種を育成できれば，単独で，または湛水管理等の低減技術と組み合わせて実施することで，より広い地域に適用可能であって，かつ効果の安定した低減対策となることが期待される．ここでは，それら品種育成に係る取り組みについて紹介する．

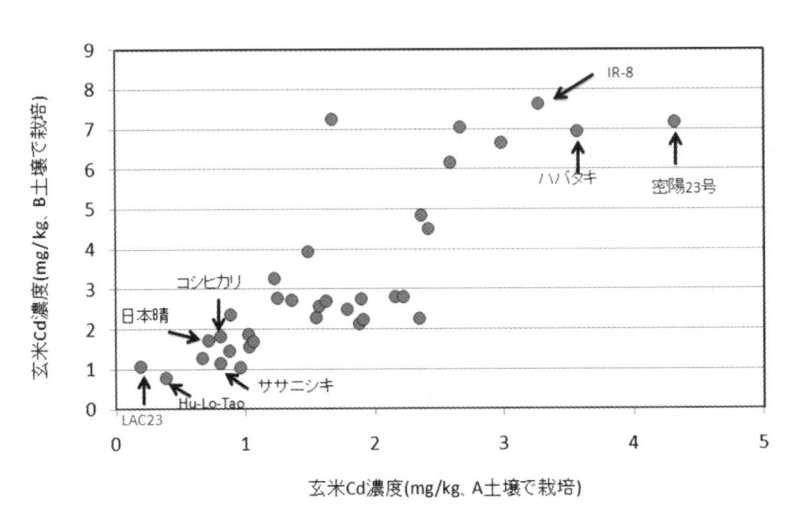

図4.1　玄米 Cd 濃度の品種間比較
（35品種，赤字はインディカ，青字はジャポニカ，ピンクは熱帯ジャポニカ）
Cd 濃度の異なる2種類の土壌で節水栽培を行った．
A；沖積土（土壌 Cd 濃度 0.5mg/kg），B；黒ボク土（土壌 Cd 濃度 5.1mg/kg）

交雑による品種育成は，その出発材料となる日本米よりもCd濃度の低い品種を探すことから始まる．これまで調査したイネ品種群の中で，アフリカ原産の陸稲品種「LAC23」は「コシヒカリ」などの日本米よりもさらに低いことがわかった（図4.1）（Arao and Ae, 2003）．その一方，稲わらのCd濃度はインディカ並に高くなることがあり，茎葉部から玄米へのCd移行に関して何らかの制御があることが考えられた．

「LAC23」は熱帯ジャポニカ（ジャバニカともいう）に属し，温帯ジャポニカである日本の品種とは，遺伝的にも形態的にも異なる．「LAC23」は長稈，極晩生，低収量など，日本での実用的な栽培には全く向かず，このままでは日本に導入できない．そこで，国内で栽培されている短稈，早生の多収品種「ふくひびき」と交配し，「LAC23」の低Cd性を維持しつつ，栽培特性が改良された系統の育成を開始した（山口，2006）．育成した126系統の中で，玄米Cd濃度が「ひとめぼれ」等の一般普及品種に比べて，約半分の濃度になり，栽培性が向上した5系統を最終的に選抜した．これらの系統には，育成地（東北農業研究センター）の地方番号「羽系1118-1122」を付与している（図4.2）．Cdは亜鉛等の重金属と化学的な性質が類似しているため，同じようなシステムでイネに吸収されると考えられているが，開発した系統の鉄や亜鉛等の重金属含量は一般品種と同程度であり，Cdだけ低減させた系統を育成することに成功した（石川ら，2009）．

また，「LAC23」に比べて，草丈は小さくなり，出穂が早まったため，寒冷地（北東北）の試験で

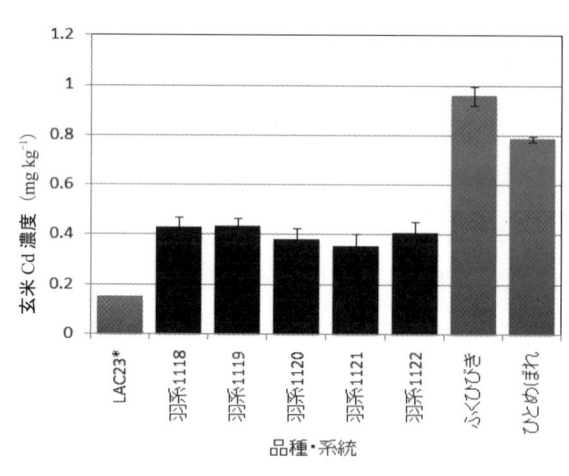

図4.2 低Cd開発系統（羽系1118-1122）の玄米Cd濃度
汚染土壌での現地栽培（節水栽培），＊LAC23は未熟粒のため参考値

も十分に登熟に達することができた（図 4.3）．しかし，収量性や玄米形質，食味等を含め，さらに改善する余地が十分にあり，実用的な品種にはさらに長い道のりが必要と思われる．

近年，イネのゲノム情報が飛躍的に解明され，目的とする遺伝子周辺の DNA 配列を目印（マーカー）にし，短期間で望ましい遺伝形質だけ子

「羽系1120」　「LAC23」　「ふくひびき」

図 4.3　低 Cd 系統の草姿
「LAC23」に比べて草丈が短く，出穂が早まったため登熟が進んでいる．

孫に残せる育種技術「DNA マーカー育種」が発展した．玄米の Cd 濃度がある特定の遺伝子によって支配されているのであれば，遺伝子そのものを明らかにすることで，もしくは遺伝子近傍の DNA 配列をマーカーにしながら育種することで，低 Cd 品種の育成期間が大幅に短縮される．さらに Cd 吸収以外の不必要なゲノム領域を取り込む心配もなく，高品質な低 Cd 品種を作ることも理論上可能である．「DNA マーカー育種」によって，これまで水稲では出穂期を改変した「コシヒカリ」，いもち病抵抗性の「コシヒカリ」等が作出されている．また，イネのみならず，麦，ダイズ，家畜に至るまでその汎用性は広く，多くの品種改良に利用されつつある（農林水産技術会議，2007）．

イネの Cd 吸収に関わる遺伝形式を明らかにするため，玄米 Cd 濃度の低いジャポニカ品種「ササニシキ」と高いインディカ品種「ハバタキ」の交雑系統を Cd 汚染圃場で栽培し，玄米 Cd 濃度の頻度分布を調べると，連続的な分布パターンを示す．これは量的形質の典型例であり，玄米 Cd 濃度は複数遺伝子による遺伝効果が組み合わさって決まると推測できる．量的形質に関与する遺伝子が存在する染色体の座位を QTL（Quantitative Trait Locus）と呼ぶが，その座位を特定するには，染色体全体に分布する多数の DNA マーカーを用いた QTL 解析という統計遺伝学的手法が有効である．この手法を用いることで，インディカ品種「ハ

バタキ」が持つ玄米の Cd 濃度を高める QTL を第 2 と第 7 染色体上に特定した．特に第 7 染色体に座乗する QTL の遺伝効果は高く，これがインディカ種の玄米 Cd 濃度を高める主要な遺伝子座位であると思われる (Ishikawa et al., 2010)．最近，Cd 高集積イネ品種である「長香穀」(Miyadate et al., 2011) や「Anjana Dhan」(Ueno et al., 2010) から第 7 染色体に座乗する高 Cd の原因遺伝子が同定された．その遺伝子 (OsHMA3) は液胞膜上に存在する重金属トランスポーターをコードするが，高集積品種はその機能が欠損しているため，根の液胞に Cd を蓄積できず，結果的に地上部へ Cd を送る．一方，「日本晴」などの日本品種は機能型であるため，Cd を液胞内に隔離できる．機能型の OsHMA3 遺伝子を過剰発現させると，根の液胞内に Cd を運び込む能力が高まり，Cd がほとんど玄米に行かなくなることが報告されている．しかしながら，遺伝子組換えイネとなるため，現在の国内では受け入れられない．

　「コシヒカリ」を遺伝背景に「LAC23」の染色体断片を移入した染色体置換系統群を作出し，「LAC23」由来の低 Cd 集積に関する QTL の特定を進めている．もし QTL 遺伝子が明らかになれば，マーカー選抜による効率的な育種が可能となり，今の「コシヒカリ」より玄米 Cd 濃度だけ低い「コシヒカリ」が完成する．さらに，重イオンビームを照射した「コシヒカリ」の突然変異体の中から玄米に Cd がほとんど蓄積されない系統が選抜され，その利用が今後期待される．慣行の栽培方法であっても Cd 濃度が十分低い品種を育成すれば，低コストで環境負荷が少ない極めて有用な Cd 低減技術になると期待される．

② 植物修復 (Phytoremediation)

　ファイトレメディエーションは土壌から有害金属を取り除くことが可能な低コストで環境に優しい手法である．ファイトレメディエーションには植物抽出 (phytoextraction：ファイトエクストラクション)，植物気散 (phytovolatilization)，安定化 (phytostabilization)，根圏ろ過 (rhizofiltration) 等の様々な概念・手法があるが，ファイトエクストラクションが最も一般的で，土壌から Cd を抽出するために様々な種類の植物が検索されている．例えば，tall goldenrod (*Solidago altissima* L.)，Indian mustard (*Brassica juncea*)，kenaf (*Hibiscus cannabinus*)，okra (*Abelmoschus esculentus*)，sorghum (*Sorghum bicolor*), hakusanhatazao (*Arabidopsis halleri* ssp. *Gemmifera*), Asteraceae の一種，sugar beet (*Beta vulgaris* L.), や *Sedum plumbizincicola* 等である. 近年，イネに関して，ある種のインディカ種やジャポニカ―インディカの交配種などが，土壌からの Cd 抽出能が高いことが報告された(Murakami et al., 2008).

上述のようにイネ以外にも Cd 集積植物は存在する．既存の海外研究の多くは有害化学物質に耐性のある超集積植物を浄化植物として利用している．しかし，超集積植物はバイオマスが小さく，栽培や収穫が困難な野生種であり，Cd 汚染水田における浄化植物としての実用化は困難な面がある．ファイトエクストラクションは，数十アール〜数ヘクタール規模の圃場において実施可能であることが実用化への必須条件である．そのため，地上部 Cd 吸収量が高いことに加え，播種〜収穫までの栽培体系が機械化されている必要がある．その点，水稲栽培は農家にとって容易で，播種から収穫までの栽培体系が確立されており，水田における浄化植物として稲は最適と考えられる．そこで，多数のインディカ種の中からCd 高吸収イネ品種を選抜し（長香穀：ちょうこうこく，IR 8，モーれつ），それらが水田土壌中の Cd をよく吸収する条件を調べるための現地試験を行った（Arao and Ae, 2003；Ibaraki et al., 2009；Murakami et al., 2007；Murakami et al., 2008).

一般的に，食用イネ品種は湛水と落水を繰り返す間断かんがい法で栽培する(図4.4)．このような水田土壌中での Cd の存在形態は，「水管理」の項に記載したように，湛水条件では難溶性で植物に吸収され難い形態（硫化 Cd）で存在する

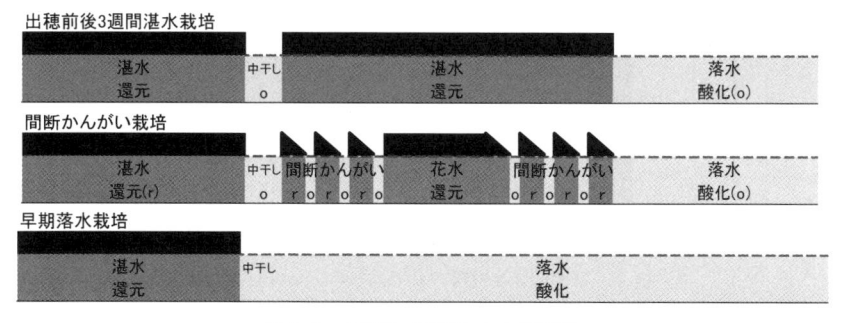

図 4.4 本試験で採用した水管理法

が，落水するとイオン化して植物に吸収されやすい形態（Cd^{2+}）で存在すると考えられている．一方，イネは，生育初期の1カ月～1カ月半の間は湛水しないと収量が減少する．以上のことを考慮して，落水時期を変えた栽培試験を実施し，移植後30日間（温暖地）～50日間（寒冷地）を湛水条件で栽培し，その後落水状態を継続する「早期落水栽培法」がイネの収量を確保しつつ，Cd 吸収量を最大化し得ることが明らかとなった（図4.4）（Ibaraki et al., 2009）．

早期落水栽培法で Cd 高吸収イネ品種を2～3作栽培し，その都度地上部を水田の外に持ち出すことにより，水田土壌の Cd 濃度（0.1mol/L 塩酸抽出法）は20～40％低減した（図4.5）（Ibaraki et al., 2009；Murakami and Ae, 2009）．また，浄化処理後の水田に食用イネ品種を栽培したところ，玄米 Cd 濃度は対照区と比較して40～50％減少し，浄化効果が明確に確認できた（図4.6）．

一方，Cd 高吸収イネの収穫は「もみ・わら分別収穫法」で実施した．この収穫法では，まず，もみを収穫し，別途収穫した稲わらを数日間水田に放置して天日乾燥する．この間に，収穫直後の稲わらの水分率70～80％が40～50％にまで低減可能である．さらに，稲わらをロール状にして収穫し（図4.7左中），パレットに積載し上部を透湿防水シートで覆って約2カ月間水田に置く「現場乾燥法」により（図4.7左下），水分率は20～40％に減少した（図4.7右）．

収穫した Cd 高吸収イネについて，ダイオキシン類対策を施した焼却炉で焼却

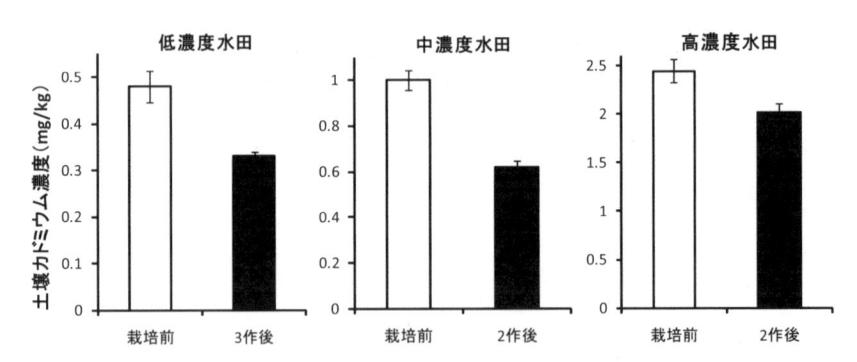

図4.5 カドミウム高吸収イネ品種の栽培前と栽培後の土壌カドミウム濃度
低濃度水田では IR8 を3作，中濃度水田では長香穀を2作，高濃度水田ではモーれつと IR8 を1作ずつ栽培

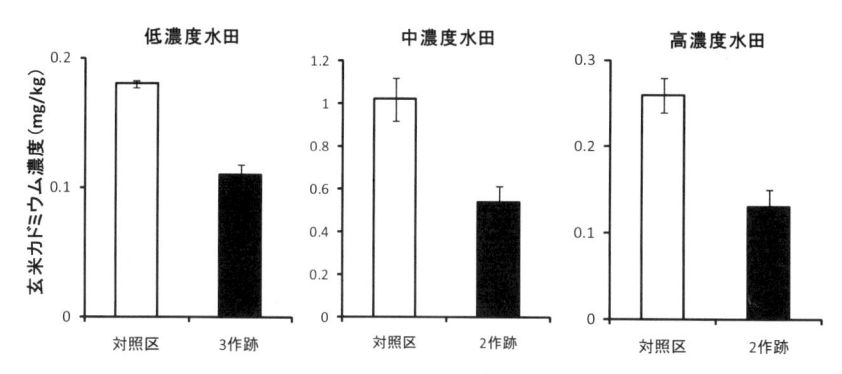

図4.6 カドミウム高吸収イネ品種栽培跡地に栽培した食用イネ玄米のカドミウム濃度
低および中濃度水田では通常の水管理法である間断かんがい栽培,高濃度水田ではカドミウムの吸収を抑制する出穂前後3週間湛水栽培を行った.そのため,高濃度水田で収穫した玄米カドミウム濃度は,中濃度水田で収穫したものよりも低くなった

した場合,煙突から出る排ガス中のCd濃度は検出限界を下回り,焼却に伴うCdの二次汚染のリスクは非常に低いことが分かった.また,焼却前の収穫物の水分率を40％以下に減少させておくことで,焼却コストを水分率70％の場合の半分以下に抑制できることも分かった.Cd高吸収イネ品種を用いたファイトレメデイエーションの1作・10a当たりのコストを試算したところ,天日乾燥,現地乾燥を行うことで稲わらの水分率40％の場合は約25万円,収穫直後の水分率70％の稲わらを焼却する場合は,焼却費に加え輸送費もコスト高となり,約30万円となった.このように,現場で稲わらの水分率を40％以下に乾燥可能な「もみ・わら分別収穫・現場乾燥法」は,低コスト化の有力な方法と考えられる.3作の栽培費も含めた総費用は10a当たり75万円程度で,客土工法（10a当たり520万円以上）に要するコストの1/7程度である.

今回の研究で用いたCd高吸収イネ品種の内,長香穀はCd吸収量が高いものの,脱粒性や倒伏性に関して改善の余地がある.早期に収穫するなど栽培法を工夫する必要があり,これらの形質を改善した品種育成により,栽培がさらに容易になることが期待できる.また,イネのCd吸収に関わる遺伝子を特定する研究も行われており,Cd吸収能力のより高いイネ品種の作出も期待できる.

本技術が農作物中のCd低減対策の実用技術として利用されるようになると,

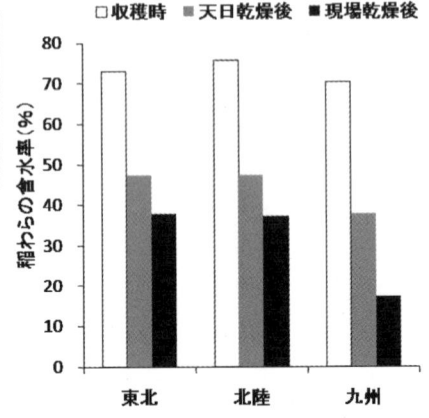

図 4.7 もみ・わら分別収穫・現場乾燥の様子とわらの水分含量の変化
写真上:稲わらの収穫および天日乾燥,中:稲わらのロール状収穫,下:透明防水シートで覆ったロール状稲わらの現場乾燥.

ファイトレメデイエーション実用化の世界初の例となる.現在,海外の研究者との共同研究も検討しており,世界の Cd 汚染稲作地域における実用的浄化技術となることが期待される.

③ 土壌洗浄

洗浄法による土壌修復は多くの企業で研究が進められているが,その多くは工場跡地などを対象として汚染土壌を処理場に搬入して浄化するものであり,重金属濃度の高い粘土画分を分取して汚染土壌の減量化,低濃度化を図る事例が多く(熊本,2002),水田現場への適用には問題が残る.実際に洗浄法を水田に適用する際の課題として,① 低環境負荷・高効率・低コストの洗浄資材選定,② オンサイト洗浄+排水処理システムの開発,③ 洗浄後の良好な土壌肥沃度・作物生育の確保,④ 洗浄効果の維持,等があげられる.ここでは,これら諸課題を解決し水田土壌の Cd 汚染浄化に適用可能な洗浄法の開発を目標とした共同研究プロジェクトの結果を紹介する.

これまでに,土壌中における重金属の洗浄抽出に使用する資材として中性塩(尾川,1994),塩酸,EDTA(中島・小野,1979),生分解性キレート剤(Tandy et al., 2004）などが報告されている．しかし，中性塩では充分な洗浄効果を得るために多量の資材施用を要する，強酸は取り扱い上に難点があり農家も受け入れ難い，EDTAは難分解性で土壌に残存する懸念がある，生分解性キレート剤はコストがかかる，等の問題点がある．そこで，現地試験に先立って洗浄薬剤のスクリーニングを行い，Cd抽出効率・環境影響・コスト・施用法等の観点から新たに塩化鉄（Ⅲ）をCd汚染水田土壌の洗浄に最適な資材として選定した（Makino et al., 2006）．以下に，塩化鉄（Ⅲ）による土壌からのCd抽出メカニズムを他の金属塩と対比して示す．金属塩を土壌に施用した場合には土壌pHに応じて下記のような反応が生じる（Makino et al., 2008）．

$$M_mA_n = mM^{n+} + nA^{m-} \quad\quad 式①$$
$$M^{n+} + nH_2O = M(OH)_n + nH^+ \quad\quad 式②$$
$$K°m = \frac{[M(OH)_n][H^+]^n}{[M^{n+}][H_2O]^n} \quad\quad 式③$$

ここで，

　MmAn：金属塩，M：金属陽イオン，A：陰イオン，m：陰イオンの価数，n：金属陽イオンの価数，Kom：反応式②で表される平衡定数

このとき金属イオンとして，鉄イオン（Fe^{3+}），亜鉛イオン（Zn^{2+}）およびマンガンイオン（Mn^{2+}）を例にとると，式③の$K°m$はそれぞれ $2.88×10^{-4}$，$3.31×10^{-13}$，そして $6.46×10^{-16}$ であり，各金属水酸化物が生成するpHと金属イオン活動度の関係は図4.8のようになる．例えば，塩化鉄（Ⅲ）を土壌に施用すると，まず塩素イオンと鉄イオンに解離する（反応式①）．この鉄イオンは水酸化鉄（$Fe(OH)_3$）を生成し，この過程で水素イオンが生成する（反応式②）．この反応は，図4.8に示した3価鉄イオンの活動度－pHの曲線より右側の領域で生じる．通常の土壌pHは5～7程度なので，鉄イオンの場合，反応①，②が進行して抽出pHが大きく低下すると考えられる．すなわち塩化鉄（Ⅲ）の加水分解反応が進行する．亜鉛塩やマンガン塩は鉄イオンに比べて水酸化物が生じるpHが高く，通常の土壌pHではこの加水分解反応が進行せず，pHは低下しない．

この反応により，強く土壌に吸着している酸可溶の無機結合態Cdが主に抽出

図 4.8 各金属水酸化物が沈殿する pH-イオン活動度ダイアグラム

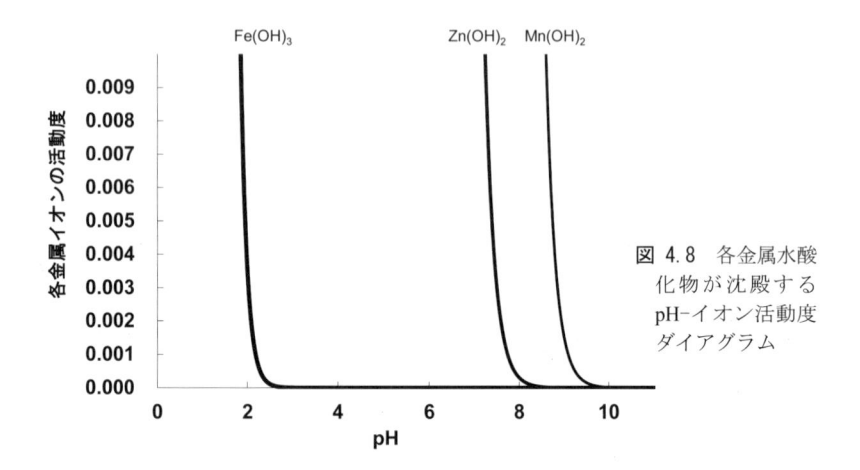

されると推察され，これを支持するデータも土壌の形態別重金属含量の測定から得られている．図 4.8 から分かるように鉄塩からの水素イオン放出は，完全解離する塩酸などの強酸と異なり，加水分解反応における平衡反応によって規定されている．このため，現地洗浄試験において塩化鉄（Ⅲ）の過剰施用や局所的な高濃度といった問題が生じても pH は極端に低下しないという利点がある．

一方，土壌洗浄法は多くの企業で研究され，実施例もあるが，そのほとんどは工場跡地の汚染土等の浄化であり，農耕地において土壌洗浄を実施した例は数少ない．洗浄法を水田圃場に適用するためには，洗浄過程で生じる排水をオンサイトで処理する必要がある．現地洗浄を行い，新たに開発した現場設置型排水処理装置を用いて，洗浄排水中に含まれる Cd を回収除去した結果を示す．

まず，土壌を採取した水田内に試験田を設定し，(1) 資材洗浄（土壌 Cd 抽出）(2) 水洗浄（残留 Cd および塩素の除去）(3) 排水処理（洗浄水中の Cd の回収除去；キレート資材を用いた現場設置型排水処理装置）を実施した（図 4.9）．室内試験で設定した洗浄条件に基づき，塩化鉄（Ⅲ）濃度は 15 mM とした．

田面水中の残留塩素濃度は水洗浄を 3 回繰り返すことで，作物生育に影響があるとされる 500mg/L 以下に低下した．また，塩化鉄（Ⅲ）洗浄および水洗浄処理時に生じた排水中の Cd は現場設置型の処理装置を用いて回収除去することで，排水基準（0.1mg/L）および水質環境基準（0.01mg/L）以下に低減でき，本排水

①薬剤施用(塩化鉄溶液)　②撹拌(Cdの抽出)　③静置・排水

④排水処理　⑤処理水の放流　⑥水洗浄

図4.9　オンサイト洗浄における洗浄工程

処理装置の有効性が実証された．また，洗浄処理に伴い，田面水のpHは大きく低下し，加水分解反応に伴うプロトン放出が確認された．資材洗浄工程における原排水中のCdイオン種組成を前述の化学種計算プログラムで推算すると，排水中のCdイオンの75％はCd－塩素錯体と算出され，現場試験においても塩素錯体の生成がCd抽出に寄与していると推察される．

　試験田土壌中の0.1mol/L塩酸抽出Cd濃度は無洗浄区の0.671mg/kgに対して，洗浄区で0.254mg/kgと大幅に低下し（Cd低減率62％），本洗浄法による土壌Cdの除去効果が確認された．一方，水稲（あきたこまち）の地上部乾物重，玄米収量は洗浄処理で増加する傾向が認められた．また土壌肥沃度の一部変化は認められるものの施肥などで補正可能と考えられ，本洗浄法は土壌肥沃度および水稲生育に大きな悪影響を及ぼさないと判断した．イネ体地上部のCd濃度は洗浄処理に伴い大幅に低下し，玄米中のCd濃度は無洗浄区の0.084mg/kgが洗浄区で0.022mg/kgと大きく減少し，塩化鉄（Ⅲ）を洗浄剤とした本法のCd吸収低減効果が確認された．

4. 水田土壌における土壌汚染対策の将来展望

　Cd汚染に関しては，水質の良い水が得られるならば，湛水による水管理が最

も高い費用対効果が望めると考えられる。しかし，湛水条件化では As が溶出してくる可能性がある。水稲栽培の水管理における Cd と As の吸収リスクはいわゆるトレードオフの関係にあるため（Arao et al., 2009），両者に汚染されている水田に適した水管理が望まれる。低レベル汚染土壌に対しては，バイオレメディエーションまたは物理化学的な安定化手法で，高レベル汚染土壌に対してはエンジニアリング的な修復法の開発が必要であろう。一方，アジア諸国では土壌汚染の規制が不十分で，土壌汚染防止の法律や汚染物質の基準値が無い場合がある。土壌汚染対策を進めるとともに関係法令の整備，企業や国民に対する環境教育が重要である。日本は重度の土壌汚染を経験した国として，アジア各国に対して寄与できる役割は大きい。

　農業環境技術研究所は，「農作物中のカドミウム低減対策技術集」を 2011 年に刊行するとともに，科学技術振興機構（JST）－中国国家自然科学基金委員会（National Natural Science Foundation of China：NSFC）の戦略的国際科学技術協力推進事業で，中国科学院土壌科学研究所（南京）と「安全な農産物生産を目的とした重金属汚染土壌のバイオレメディエーション技術の開発」の共同研究を実施してきた。こうした研究成果・共同研究を通じ，アジア地域の土壌汚染問題の解決に貢献していきたいと考えている。

引用文献

姉崎正治・三好恵真子 2011．中国の重金属汚染土壌の現状と今後の対策に向けて．大阪大学中国文化フォーラム・ディスカッションペーパー, pp. No.2011-2017.
Appleton, J., Weeks, J., Calvez, J., Beinhoff, C., 2006. Impacts of mercury contaminated mining waste on soil quality, crops, bivalves, and fish in the Naboc River area, Mindanao, Philippines. Science of the Total Environment 354：198-211.
Arao, T., and Ae N. 2003. Genotypic variations in cadmium levels of rice grain. Soil Science and Plant Nutrition 49：473-479.
Arao, T., Kawasaki, A., Baba, K., Mori, S., Matsumoto, S., 2009. Effects of Water Management on Cadmium and Arsenic Accumulation and Dimethylarsinic Acid Concentrations in Japanese Rice. Environmental Science & Technology 43：9361-9367.
中華人民共和国環境保護部 1995．中華人民共和国国家標準・土壌環境質量標準 GB 15618
中華人民共和国環境保護部 2006．中華人民共和国国家標準・食用農産品産地環境質量評価標準 HJ/T332-2006
Chung, E., Lee, J., Chon, H., Sager, M., 2005. Environmental contamination and

bioaccessibility of arsenic and metals around the Dongjeong Au-Ag-Cu mine, Korea. Geochemistry-Exploration Environment Analysis 5：69-74.
畑明郎，田倉直彦 2008. アジアの土壌汚染. 世界思想社.
Hong, C., Gutierrez, J., Yun, S., Lee, Y., Yu, C., Kim, P., 2009. Heavy Metal Contamination of Arable Soil and Corn Plant in the Vicinity of a Zinc Smelting Factory and Stabilization by Liming. Archives of Environmental Contamination and Toxicology 56：190-200.
Ibaraki, T., Kuroyanagi, N., Murakami, M., 2009. Practical phytoextraction in cadmium-polluted paddy fields using a high cadmium accumulating rice plant cultured by early drainage of irrigation water. Soil Science and Plant Nutrition 55：421-427.
Iimura, K., 1981. Heavy Metal Pollution in Soils of Japan (eds Kitagawa, K. and Yamane, I.). Japan Scientific Societies Press.
石川覚，荒尾知人，山口誠之 2009. イネ品種間差を利用して，玄米のカドミウム汚染を低減. 農環研研究成果情報, p. 26.27.
Ishikawa, S., Abe, T., Kuramata, M., Yamaguchi, M., Ando, T., Yamamoto, T., Yano, M., 2010. A major quantitative trait locus for increasing cadmium-specific concentration in rice grain is located on the short arm of chromosome 7. Journal of Experimental Botany 61：923-934.
Khairiah, J., Lim, K., Ahmad-Mahir, R., Ismail, B., 2006. Heavy metals from agricultural soils from Cameron highlands, Pahang, and Cheras, Kuala Lumpur, Malaysia. Bulletin of Environmental Contamination and Toxicology 77：608-615.
韓国環境省 2003. http：// eng. me. go. kr / content. do？method＝move Content & menuCode＝pol_wss_soi_standard
環境省 2011. http://www.env.go.jp/water/dojo.html
熊本進誠 2002. 洗浄法による重金属類汚染土壌の浄化技術，土壌における難分解性有機化合物・重金属汚染の浄化技術. NTS, 東京, pp. 57-275.
Lee, J., Liu, C., Jang, C., Liang, C., 2008. Zonal management of multi-purpose use of water from arsenic-affected aquifers by using a multi-variable indicator kriging approach. Journal of Hydrology 359：260-273.
Luo L., Ma Y., Zhang S., Wei D., Zhu Y.G., 2009. Inventory of trace element inputs to agricultural soils in China. Journal of Environmental Management, 2009, 90：2524-2530
Makino, T., Sugahara, K., Sakurai, Y., Takano, H., Kamiya, T., Sasaki, K., Itou, T., Sekiya, N., 2006. Remediation of cadmium contamination in paddy soils by washing with chemicals: Selection of washing chemicals, pp. 2-10.
Makino, T., Takano, H., Kamiya, T., Itou, T., Sekiya, N., Inahara, M., Sakurai, Y., 2008. Restoration of cadmium-contaminated paddy soils by washing with ferric chloride：Cd extraction mechanism and bench-scale verification. Chemosphere 70：1035-1043.
Mishima, S., Kimura, R., Inoue, T., 2004. Estimation of cadmium load on Japanese farmland associated with the application of chemical fertilizers and livestock excreta. Soil Science and Plant Nutrition 50：263-267.
Miyadate, H., Adachi, S., Hiraizumi, A., Tezuka, K., Nakazawa, N., Kawamoto, T., Katou, K., Kodama, I., Sakurai, K., Takahashi, H., Satoh-Nagasawa, N., Watanabe,

A., Fujimura, T., Akagi, H., 2011. OsHMA3, a P(1B)-type of ATPase affects root-to-shoot cadmium translocation in rice by mediating efflux into vacuoles. New Phytologist 189：190-199.

Murakami, M., Ae, N., 2009. Potential for phytoextraction of copper, lead, and zinc by rice (*Oryza sativa* L.), soybean (Glycine max L. Merr.), and maize (*Zea mays* L.). Journal of Hazardous Materials 162：1185-1192.

Murakami, M., Ae, N., Ishikawa, S., 2007. Phytoextraction of cadmium by rice (*Oryza sativa* L.), soybean (Glycine max (L.) Merr.), and maize (*Zea mays* L.). Environmental Pollution 145：96-103.

Murakami, M., Ae, N., Ishikawa, S., Ibaraki, T., Ito, M., 2008. Phytoextraction by a high-Cd-accumulating rice：Reduction of Cd content of soybean seeds. Environmental Science & Technology 42：6167-6172.

中島征志郎, 小野末太 1979. 対馬の重金属汚染に関する調査研究. 長崎総農試報告, pp. 359-364.

農林水産技術会議 2007. ゲノム情報の品種改良への利用.DNA マーカー育種.. 農林水産研究開発リポート No. 21.

尾川文朗 1994. 秋田県における水稲のカドミウム汚染対策の実態とその被害軽減に関する研究. 秋田農試報告, pp. 31-38.

Patel, K., Shrivas, K., Brandt, R., Jakubowski, N., Corns, W., Hoffmann, P., 2005. Arsenic contamination in water, soil, sediment and rice of central India. Environmental Geochemistry and Health 27：131-145.

Saito, T., 2004. Cadmium input from rainfall into fields in the city of Tsukuba, pp. 54-55.

Sinha S., Gupta A.K., Bhatt K., Pandey K., Rai U.N., Singh K.P. 2006. Distribution of metals in the edible plants grown at Jajman, Kanpur (Indian) receiving treated tannery wastewater：relation with physico-chemical properties of the soil. Environmental Monitoring and Assessment, 115：1-22

台湾環境保護署 2006. No.0950023629, http://law.epa.gov.tw/en/laws/278076101.html

Tandy, S., Bossart, K., Mueller, R., Ritschel, J., Hauser, L., Schulin, R., Nowack, B., 2004. Extraction of heavy metals from soils using biodegradable chelating agents. Environmental Science & Technology 38：937-944.

Ueno, D., Yamaji, N., Kono, I., Huang, C., Ando, T., Yano, M., Ma, J., 2010. Gene limiting cadmium accumulation in rice. Proceedings of the National Academy of Sciences of the United States of America 107：16500-16505.

山口誠之 2006. カドミウム低吸収性, 高吸収イネ品種の育成. 農林水産技術研究ジャーナル, pp. 11-14.

Wattanasen, K., Elming, S., Lohawijarn, W., Bhongsuwan, T., 2006. An integrated geophysical study of arsenic contaminated area in the peninsular Thailand. Environmental Geology 51：595-608.

Zarcinas, B., Ishak, C., McLaughlin, M., Cozens, G., 2004. Heavy metals in soils and crops in southeast Asia. 1. Peninsular Malaysia. Environmental Geochemistry and Health 26：343-357.

第5章 半乾燥地における水との賢いつきあい方〜「水土の知」を整える

渡邉紹裕
人間文化研究機構 総合地球環境学研究所

1. 水との「賢い」つきあい方

　「半乾燥地における水との賢いつきあい方」について話をするようにいわれ，さらにそれを文章にするように頼まれた．

　「つきあい」といえば普通は人との関係をいい，さらに基本的には親しく良好な関係をいうものであろう．「彼女とつきあっている」などというように．そして，良好な関係を築いていることを表現するものとして，共に行動することも意味するようになる．「彼女の買い物につきあった」などというように．

　水との「つきあい」を考える場合なら，水なしでは存在することのできない人類が，それとの関係をいかに良好に保つかということになる．ここでは，「農学」の立場で農業や農村における水との関係について考えるので，そこでの生産や生活の視点から，地域における「水循環」の関係を対象にすることになる．それをどのように制御・調整して利用するのか，あるいは人為的な改変をせずに，その状態に応じて適応したり，利用しないでおくのか，ということになる．

　互いにとって良好な関係のはずが，共に行動することで，両者の関係を越えて別のところで不都合が生じると「悪いつきあい」となる．その反対に，その関係が周囲や環境にプラスの効果をもたらすのであれば「よいつきあい」となる．「賢いつきあい」となると，賢いの意から来る総体としての「すばらしい関係」だけでなく，才知・思慮・分別などがきわだっている関わりとなろう．さらにそこに

は，抜け目がなく巧妙であるという含みで，判断や選択の巧みさに裏付けられているものを示すことになる．

ここでは，「水との賢いつきあい方」を見直し，農業や農村における「判断の巧みさ」，あるいは「知の働き」を考え直してみる．

2. 乾燥地域における農業と水

（1）半乾燥地

表題にある「半乾燥地」は，広い意味での「乾燥地域」の一部である．「乾燥地域」は，一般的には「降水量（P）よりも可能蒸発散量（蒸発散しうる水量，PET）が多い地域」をいうが，世界の砂漠化問題に取り組むUNEP（国連環境計画）では，可能蒸発散量に対する降水量の比（P/PET）で表される「乾燥指数」を指標にして，乾燥地域を「極乾燥地・乾燥地・半乾燥地・乾性半湿潤地」に区分し，0.2<P/PET<0.5 で，かつ冬が雨季となる地域で年降水量が 500mm 未満，夏が雨季となる地域で年降水量が 800mm 未満の地域を，「半乾燥地」としている．

ここでは，「半乾燥地」を，農地での作物生産に必要な降雨や水の供給に制約があって，水の確保にやや大きな労力が必要であるものの，一定の水量は確保でき，それゆえに作物生産と水利用に関する様々な試みや仕組みが形成されているところととらえる．この試みや仕組み次第で，安定した農業生産が継続できたり，逆に様々な問題が生じる地域となる．したがって，水とのつきあいのありさまの影響が大きいところなのである．このように，対象とする範囲を，ややあいまいとはなるものの，広く考えることにして，比較的に降雨が少なく乾燥した地域における水との関わりを振り返ることにする．

（2）乾燥地域の農業拡大と砂漠化

一般に乾燥地域では，降雨は少なくても年変動が大きく，雨季に集中的な降雨がある．十分な日射（太陽エネルギー）があり，気温も高く，乾燥していることから農作物の病虫害も比較的少ないことから，水の供給に制限があること以外は作物生育，つまり農業生産には適した土地といえる．乾燥地域の多くは開発途上国に位置していて，近年の人口増加は食料需要の増加をもたらし，農地を拡げて生産性を向上させることなど，農業生産の拡大が進められてきた．この農地や農

表5.1 乾燥地域における土壌劣化の人為的要因

地域	乾燥地面積	要因別の土壌の劣化面積					
		過放牧	樹木過伐採	過開墾	不適切な土壌・水管理	その他	小計
アフリカ	1286.0	184.6	18.6	54.0	62.2	0.0	319.4
アジア	1671.8	118.8	111.5	42.3	96.7	1.0	370.3
オーストラリア	663.3	78.5	4.2	0.0	4.8	0.0	87.5
ヨーロッパ	299.6	41.3	38.9	0.0	18.3	0.9	99.4
北米	732.4	27.7	4.3	6.1	41.4	0.0	79.5
南米	516.0	26.2	32.2	9.1	11.6	0.0	79.1
計	5169.1	477.1	209.7	111.5	235.0	1.9	1035.2

UNEP(1997): "World Atas of Desertification: Second Edition" London: Arnoldを改変
鳥取大学乾燥地研究センターHPから
http://www.alrc.tottori-u.ac.jp/japanese/desert/genin.html

業の拡大は，地球環境問題である砂漠化の主要な要因となっている．

砂漠化とは，土地が荒廃して植物が育たなくなる土地に変化することをいう．土壌劣化の原因としては，気候の変動などの「自然要因」と人間活動などの「人為要因」があるが，後者がほぼ90％を占める．人為的な要因の内容から世界における土壌劣化（砂漠化）が進行した10億3,500万haの土地を区分すると，「過開墾」や「不適切な土壌・水管理」の農業に関わる要因によるものが3億4,700万haと約3分の1となっている（表5.1）（UNEP, 1997）．人為的な水の供給に依存する農業，すなわち水との関係のあり方が，地域や地球の環境に大きく影響しているのである．

この「過開墾」や「不適切な土壌・水管理」は，食料生産の増大を短期で実現しようとして，急激に農地を拓き，合わせて水源を開発して農地に水を供給することでもたらされる．実際には，土壌が植生に覆われている期間が大幅に短縮されることと，土壌中の有機物が減少することによって，風や雨によって表土が浸食・流亡され，また過剰な灌水など不適切な水利用などによって農地で土壌の表層へ塩類が集積することによって生じている．

（3）乾燥地域の農業における巧みな伝統的水利用

乾燥地域における農業にとって，水が確保できると，作物は高い収量を得ることができることが多い．そこでは，一般に河川や地下水などの水源は乏しいため，限られた降雨による水を有効に活用することが図られ，地域の条件に適応した

様々な水の利用がなされてきた．

　降雨のみに依存する農業は天水農業といわれ，冬雨の地域では年降水量が250mm 以上，夏雨の地域ではだいたい 400〜450mm 以上の半乾燥地に多く見られる．こうした地域では，コムギやソルガムなど乾燥に比較的強い作物が栽培される．降雨を土壌中にできるだけ多く貯留して，作物栽培時期に活用するために，雨季となる前に，土壌に浸透する雨の量が多くなるように深く耕す．一方で，乾季には土壌の表面を耕して，雑草の生育と土壌面からの蒸発を抑制する．さらに，作物が生育する周辺に降る雨を，小さな溝を掘ったり畔を盛り立てたりして，作物の根が張る範囲に巧みに水を集めるウォーター・ハーベスティングがなされることもある．

　さらに降雨の量が少ない地域では，耕作範囲の農地の一部を作物を栽培せずに休閑させて，降水の保水のみを図るといういわゆる「二圃式農業」がとられることもある．これらは，大規模で特殊な技術がなくても，農家が個別に実現できる地域の自然環境に適したもので，実際に長く続けられてきた．

　また，こうした地域でも，適当な水源があれば水路などで水を農地に引き込む灌漑農業が営まれる．湧出する地下水を利用したり，地下水路を設けて地下水を導水するシステムがある．これらも，農家が共同で建設し，送配水も重力エネルギーを活用して，維持管理も農家レベルで行える．この地下水路利用の利水システムは，イランやイラクでは「カナート」，パキスタンやアフガニスタンでは「カレーズ」，北アフリカやサハラでは「フォガラ」，中国では「坎児井(カンアルチン)」などと呼ばれ，持続的な巧みな水利用，「賢いつきあい方」として評価されている．

（4）乾燥地域の灌漑農業と環境問題

　乾燥地域では，限られた水を巧みに利用して持続的な農業を展開してきた一方で，近代的な技術によって農業生産を拡大し，生産性を高めようとして，様々な問題を惹き起こしてもきた．「不都合なつきあい方」といえるものである．

　乾燥地域の農業にとって，灌漑は大きな力となる．周辺の高山にある氷河や積雪からの融出水や，遠く離れた降雨の多い地域から流れ込む河川の水を利用して，近代に入って大規模な灌漑システムが建設され，灌漑農地は急速に拡大し，農業

生産の飛躍的な拡大をもたらした．

　この灌漑の拡大は，本来水が乏しかった土地へ多量の水を引き入れることとなり，地域の水循環や水収支の構造が大きく変わってしまうことも生じた．農地への大量の取水によって，水源である河川では，下流で流量が大幅に減少し，水不足や生態系の劣化など様々な環境問題をもたらした例は少なくない．典型的なものとしては，中国の黄河や中央アジアのアラル海に流入するアムダリア・シルダリア川の流域における大規模な灌漑農地開発と，それに伴う下流地域での河川や湖沼の枯渇がある．

　また，灌漑した農地においては，排水のシステムが整わないままに多量の灌水が行われ，地下水や土壌中に含まれていた塩分が，蒸発散によって土壌表層へ移動する水と共に表層に引き上げられ，表層に析出する問題が生じることとなった．これに伴って，作物の根は水を吸えなくなり，土壌の構造が破壊されて水や空気が流れにくくなり，作物の生育は困難になる．こうした土壌の塩性化による生育障害，農地の荒廃・放棄が，乾燥地の灌漑地では広がったのである．

　作物栽培が放棄されるほどの塩類集積の場合，その回復は経済的な理由から難しい．エジプトのナイルデルタなど，広範囲に塩類が集積した農地において，土壌下層に暗渠と呼ばれる排水管を敷設して，塩分を灌漑水とともに土層から排除して，塩害を抑制した例もある．

（5）乾燥地域における持続可能な農業と水

　当分は続くと予想される開発途上国の人口増加や経済発展を考えると，乾燥地域における農業生産の拡大の役割は大きい．いかに持続可能な形に仕立てるかは，喫緊の課題となっていて，特に水の確保や灌漑のあり方，つまり「水とのつきあい」のあり方が大きな鍵となっている．農地に高い効率で送配水・灌水して水の生産性を高める試みは，世界各地で進められている．点滴（ドリップ）灌漑の導入による節水は，水利用の規模や土壌の塩類集積を抑える技術として評価されてはいるが，大きな設備投資と維持管理の技術と費用を必要とすることから，導入は多くの地域ではまだ難しい．さらに，地球温暖化に伴う気候変動が進むと，乾燥地域の多くのところで降雨量は減少し，また洪水も干ばつも発生の頻度が増すという見通しもある．農業における水との関係の問題は厳しく，そのあり方は地

球環境と深く関わる喫緊の課題となっている.

 ただ,乾燥地域における水との関係は,湿潤地域におけるものと根本的に異なるものとして考えるべきであろうか.もちろん,降水のパターンや量,必要となる水の量や利用可能な水の量が異なり,水の量だけではなく,それらと密接に関わる気温や湿度,栽培される作物の違いなどもあり,水循環をどのように調整・利用するかは湿潤地域とは大きく異なることは確かなことである.しかし,その根幹にある農家やその集団,さらには地域社会の水への関わりの基本的な姿勢や作用のレベルで整理するならば,水との「賢いつきあい」のあり方は同じように考えることができるのではないだろうか.

3. 賢さのまとまりとしての「水土の知」

(1) 「水土の知」

 農業や農村における「水」との「賢いつきあい」のあり方を考える場合,「土」も合わせて考える必要がある.実際に,農業生産においては,作物と,気候・気象,そして水と土,さらに営農の資材や機械を含む技術を,システムとして把握して動かす「才知」が求められる.水と土に対しては,それと直接に関係する地域の生態システムも含めて,地域の資源としてのつきあいが求められ,そこには地域の「知恵」が形成されることになる.この知のシステム全体を,農業農村工学会での用語にならって,ここでも「水土の知」ということにしよう(農業土木学会,2001).

 「水土の知」の「水土」とは,単に「水」と「土」の物質からなるシステムを指しているのではなくて,水と土を中心としながらも,地域の自然環境と,それに依存し,あるいは働きかけていく人間の営みの全体を示している.この依存や働きかけの結果として築かれている水や土地の利用,施設や装置とその配置,さらにこれらを造りあげ維持していく組織やその運営方式,それらを担う人の育成などをも含むものである.したがって,乾燥地とか湿潤地といった地域の乾湿に関わらず,水が豊富でもそうでなくても,世界中のそれぞれの地域には,人が暮らす限りそれぞれの「水土」が築かれ,それぞれ水や土とつきあっている知恵が形成されているはずである.もちろん,地域や時代に固有のものや,現代での最

新の科学技術を駆使したもの，歴史的に継承されている伝統的とも呼ばれるもの，埋もれていて潜在力となっているものなど，様々なものがあろう．

(2)「水土の知」の働き

「水土の知」には，地域の気候や地形・地質，そして水文循環など，地域の自然条件を精緻に把握することが含まれる．それを基礎に，条件に巧みに適応し，改変し，さらに働きかけをどう持続させるかの，理念と技能・技術が含まれる．望ましい結果が持続するように，働きかけ自体を持続させる仕掛けも必要となる．施設や器具を設ける場合は，その維持管理の技術も必要になり，担う技術や人材の育成を含め，長期的な展望を持って準備をする．また，これらの仕組みや仕掛けの問題を早めに見いだして対応する姿勢も常に求められる．

人々の共同や協働には，提供する労働や成果の配分など人間関係の問題が生じる．働きかけに求められる労働や，その結果としての成果の大きさや配分が，完全に均質や均等になることは難しいし，それぞれの受け止め方も違うからである．それを調整して相互扶助する仕組みも重要な要素となる．単に仲良くやるだけではなくて，互いに適度に競い，牽制したり規制することも，働きかけを効果的なものとするために時に必要となる．

このように考えてくると，水であれば自然の循環を人為的に調整する上で，適当な空間的な規模があるはずだということになる．現象を観察し，自然を改変し，結果を認識でき，関わる人との関係が見える範囲である．将来の変化や影響もある程度予測することから，時間的な規模にも適当な範囲がおかれることになる．

「水土の知」のうち，特に水利用について関わる部分について，内容や役割を一般的に整理すると，以下に示すように7つの働きとしてまとめることができる（図5.1）（渡邉紹裕ら，2009）．

① 見極める（観察：自然を理解する）：構想や計画の前提，そして使える資源や制約となる自然条件をどうとらえるか．開発の可能性やシステム実現の成否の判断．
② 使い尽くす（活用：環境を資源にする）：システムとして，地域の資源を持続的に最大限に活用する方向や方法．
③ 見定める（改善：機能を検査する）：システムが目的どおり，その時の状況に

適合して期待通り正常に作動しているかどうかの診断や評価．結果としての不適合への対処や改善．

④大事にすること（保全：機能を維持する）：システムが機能し続けるために意識的に施設や器具や組織を維持する仕組みやしかけ．それらを整備すること．

⑤見試すこと（順応：条件の変化に対応する）：地域の条件や環境の変動，不確実性・リスクに対して，望ましい方向へ誘導する．また望ましくない結果を回避・軽減する．リスクに対して結果の観察・再判断をも予め想定して，適切な判断を下すこと，判断の方法・仕組み，結果としての秩序なども含む．

⑥見通すこと（投資：地域の将来を構想する）将来を展望して，望ましい姿を目標として設定することと，必要な将来予測と，目標実現に向けての準備．将来に向けての貯蓄・保険を含む準備や技術教育・技能伝達．

⑦仲良くすること（協調：地域の社会を互助する）：システムを機能させるために，助け合うことと，競争や節制をし合うこと．地域の安定や道徳・秩序の形成に至る基礎．

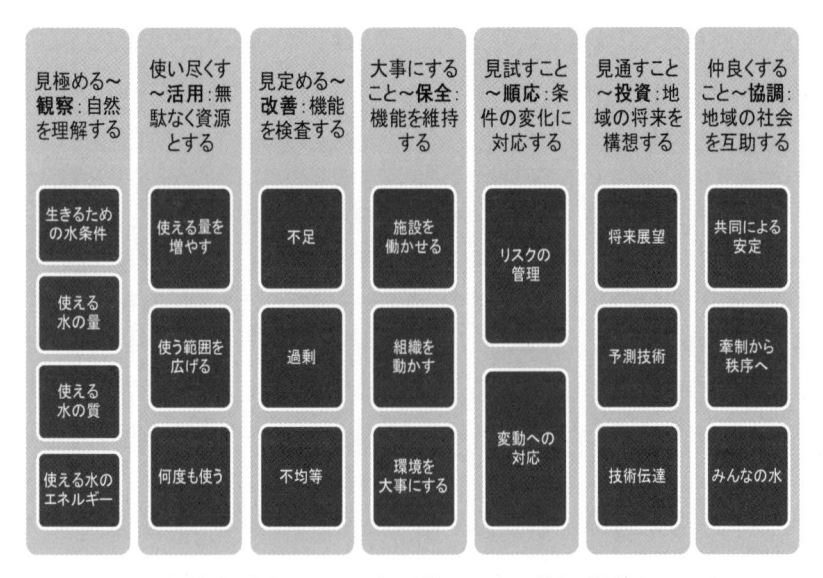

見極める〜観察：自然を理解する	使い尽くす〜活用：無駄なく資源とする	見定める〜改善：機能を検査する	大事にすること〜保全：機能を維持する	見試すこと〜順応：条件の変化に対応する	見通すこと〜投資：地域の将来を構想する	仲良くすること〜協調：地域の社会を互助する
生きるための水条件	使える量を増やす	不足	施設を働かせる	リスクの管理	将来展望	共同による安定
使える水の量	使う範囲を広げる	過剰	組織を動かす		予測技術	牽制から秩序へ
使える水の質				変動への対応		
使える水のエネルギー	何度も使う	不均等	環境を大事にする		技術伝達	みんなの水

図5.1 《水土の知》における水に関わる7つの働き（渡邉ら，2009）

この他にも，将来のことや現在でも埋もれていて明示されていない何かを「信じること」，それに沿って何かを「追い求めること」，対象とするものやことの物性や機能だけでなく，そこにある偶然性や感性による反応など「眺めること・遊ぶこと」なども，合わせて考えておかないといけないであろう．

4. 乾燥地域における水との賢いつきあい方～「水土の知」の様々な形

　上で述べた「水土の知」は，日本を中心とする湿潤地域の水田稲作を基盤とする地域における「知」を対象にして，改めてその意味を確認し，新たな時代に対応したものに仕立て直すために，関係する学会（農業農村工学会）で改めて用いられるようになったものである．その基本的な考え方は，乾燥地域においても当てはまるものであり，「水との賢いつきあい方」は，望ましい「水土の知」とその働かせ方ということでもある．乾燥地域における望ましい「水土の知」の全貌を示すことは，現代の農業や環境，社会のあり方の根幹の課題であって簡単にできることではない．ここでは，その取り組みの端緒として水に関わる「問題」の傍らにある，水との賢いつきあい方の例を紹介することにする．

　ここで紹介するのは，上で，本来水が乏しかった土地へ多量の水を引き入れることで，地域の水循環や水収支の構造が大きく変わってしまい，水不足や生態系の劣化など様々な環境問題をもたらした例としてあげた中国の黄河や中央アジアのアラル海の流域における大規模な灌漑農業にみられる「賢いつきあい方」である．大きな河川の流域で全体としては深刻な問題がある中で，個別にみられる流域内の「知」の例である（渡邉，2009）．

（1）寒冷地塩害農地の水確保の技

　中国の黄河流域では，近代になって灌漑面積は増大してきた．その中で，黄河流域の最北部，内蒙古自治区にある流域最大の灌漑区域である河套灌区は，灌漑面積約55万haと世界的にも極めて大規模な灌漑地区である．黄河の氾濫地帯であり，清朝後期から灌漑農地開発が進められる一方で，農地の大部分で土壌の塩類化やアルカリ化が発生していた．中華人民共和国の成立後は，土地均平化や区画の縮小などによって，やや細かな灌漑管理が行われるようになり，土壌の塩害

```
総面積：    110万ha，東西約250km，南北約50km
標高：      995～1070m，
勾配：      東西；1/5000～1/8000  南北；1/4000～1/8000
降水量：    130～200mm/年，  可能蒸発散量 2000～2400mm/年
最低気温：マイナス38℃，最高気温：38℃
```

```
烏梁素海
面積：   290km²
水深：   1.09m
貯水量： 3.3億m³
```

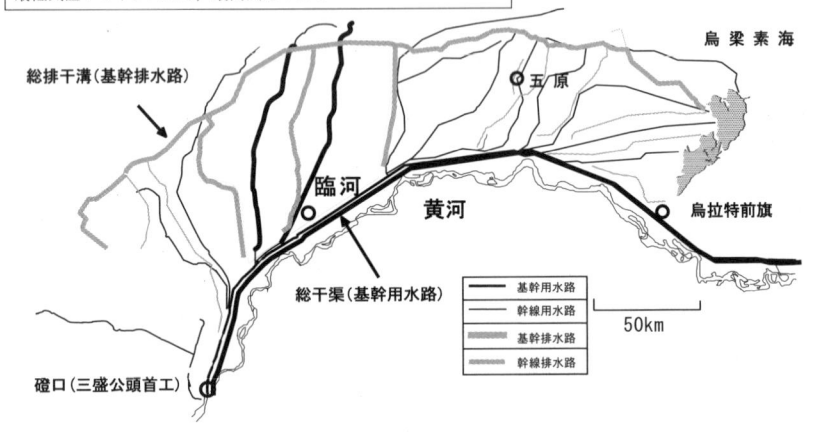

図5.2 黄河流域・河套灌区の概要（渡邉・星川，2006）

は徐々に広がってはいたが，灌漑面積は 19 万 ha から 1960 年代初頭には 40 万 ha にまで拡大していた（渡邉・星川，2006）．

1961 年に上流に取水施設である三盛公頭首工が建設されて黄河からの取水が安定し，灌漑面積も増加したが，排水が整備されずに約 4 分の 1 の農地で土壌塩害が深刻化した．このため，1983 年以降，排水路の整備が行われ，現地では「有灌無排」から「有灌有排」段階に移行したという．幹支線の排水路は一通り整備されて，地区の排水を受ける下流の烏梁素海から黄河への排水路も建設されたこともあって，土壌の塩類集積やアルカリ化の進行は基本的には緩和された．

河套灌区では，塩害対策・排水改良が進んで，灌漑面積は少しずつ拡大してきた．実際に作物が栽培され灌漑が実施された面積の正確な統計は整理されていないが，近年の黄河断流などに伴う取水量の削減の動きの中でも目立った減少はない．ただし，穀物（トウモロコシやコムギなど）の栽培面積は 2000 年以降でやや減少し，その一方で商品作物（ヒマワリ，テンサイや野菜など）の栽培面積はやや増加している．黄河からの取水量も継続して増大してきて，1990 年代前半に

は年約55億m³となり,その後1990年代後半には約50億m³,2000年以降は45〜48億m³程度に抑制されている.

　河套灌区では,黄河から取水された水の約60％が広大な地区内での送配水の過程で,水路での浸透や蒸発などで失われ,圃場には直接は到達していないといわれる.また収穫後の作物の植えられていない農地に,用水が大量に灌水されている.これは一般に「秋季湛水」などといわれ,その水量は年間の取水量全体の30％を占めるほどで,その意義や有効性が問われている.

　しかし,この秋季湛水は,中国西北部の多くの灌漑地域で見られる大変興味深い灌漑方式である.河套灌区では,冬季に氷点の低い気温が長く続くという気象環境と,夏季の作物栽培時の土壌に塩類が集積するという土壌条件,そして黄河の流量・水位が春季に低下するという水文環境などに対応した非常に巧みな方法と考えられる.具体的には,作物の収穫後の9月末から10月に,農地に300mm前後と大量の水を一気に引き入れて湛水させ,浸透する水で作物栽培中に溜まった作土層中の塩分を下方に洗い流す.さらに,土層に保持された水は,マイナス30〜40℃になる冬の低温によって完全に凍結して氷となって維持されることになる.そして,春になって気温が上昇すると徐々に融け出して,再び液体の水となって,作物の発芽時の貴重な水分となるのである(赤江ら,2003).

　この地域では,春先の播種時に水が必要な時に,水源として依存する黄河の流量は少なく,取水地点となる地区上流では水位も低くて取水し難いため,春の作物の栽培開始時には,用水の確保は容易ではない.秋に流量に余裕のある黄河の水を導水して地区内の農地土壌中に貯めておけば,春の播種・発芽時に河川から取水する必要がなくなる.そして,地域全体で水が必要なこの時期に,短時間で広く配水する労力も要らずに,ほぼ一斉に作物が水を使える状態を作り出せるのである.

　この地域でも,作物の通常の生育期間では,他の乾燥地域で一般に見られるのと同様に輪番灌漑が行われ,地区内の一定の面積毎に時間をかけて順番に灌漑していく.生育初期については,播種・発芽に適した時期は地区内ほぼ同時であることから,用水は短時間のうちに効率よく配水することが望ましい.しかし,水源の河川から取水した上で,この送配水を行うのは実際には不可能であることか

写真 5.1 秋季湛水（中国・内蒙古自治区・河套灌区）　(撮影 赤江剛夫)

ら，秋季湛水は，気候・土地・水の条件を総合的に考えた巧みな方式といえるであろう．

　秋季湛水による塩分の下層への溶脱や，保水から凍結・融解に至る詳細な過程，そして実際の水利用効率と，それを踏まえての秋季灌水の時期や量の判断については，さらに調査研究が必要な部分が残されている．技術の形成の過程や背景を見直した上で，この方法の総合的な評価や圃場条件ごとのガイドラインなどを提示することが求められている．また，この秋季湛水が，下流地域での水不足の解消などの課題を持つ黄河流域全体としての水資源の効率的な利用に果たす意義の評価も必要である．

（2）アラル海枯渇と共に消えた巧みな輪番灌漑

　旧ソ連・中央アジアの「アラル海の枯渇」は，1990年代に世界的な注目を浴び，「20世紀最大の環境破壊」といわれ，現在も水資源管理と環境の関わり問題として関心が持たれている．このアラル海の縮小や枯渇の主な原因は，流入するアムダリアとシルダリアの両河川流域における大規模な灌漑農地の開発といわれてきた．確かに，流域全体で，1960年代から約780万haの農地が開発され，その用水取水と農地からの蒸発が，河川の下流部の流量とアラル海への流入量の急減をもたらした．

第 5 章 半乾燥地における水との賢いつきあい方〜「水土の知」を整える　　(97)

　しかし一方で，流域の灌漑農地での多くでは，国営農場や集団農場において，巧みな輪作体系が作りあげられていた．この流域では，冬季は気温が低くく作物栽培はできないが，夏季の栽培ではワタや牧草を中心に基本的に「8 年 7 作」の作付けが計画的になされ，その内の 3 作は水田でイネが栽培される．水田稲作は，中央アジアではコメの需要が少なくないという背景があるが，畑での栽培時に土層に集積した塩分を下方に溶脱させることができるからでもある（写真 5.2）．
　水田で湛水することによる塩分溶脱の効果は明確で，多量の灌水によって文字どおり洗い流すことが行われてきた．また，水田に灌水された多量の水は，周辺の畑地へ移動し，その水分を補給して作物栽培に使われるのである．しかし，多量に取水された水は，送配水路から地下に浸透したり，水田から浸透して畑地で利用されなかったりして，周辺の砂漠や裸地に浸出していく．
　この方式は，カザフスタンのイリ川流域の新規の灌漑農業開発地域でもみられた（写真 5.2）．そこでの，圃場レベルの水収支の概要は，図 5.3 のように整理されていて，その状況はアラル海流域の流入河川下流域の灌漑地域でもほぼ同様である（Shimzu et al., 2010）．これによると，取水された水の多くが地下に浸透して失われているとともに，水田からの浸透が畑地での必要水量（蒸発散量）を供給していることが分かる．
　旧ソ連が崩壊すると，計画経済の統制下にあった国営農場や集団農場のシステムが機能しなくなって，大型の農業機械を駆使して組織的に輪作を行うことも，用水をトップダウンで統括的一元管理することも実施しがたくなった．このため，

写真 5. 2　大規模な灌漑農地　（カザフスタン共和国）（撮影 渡邉紹裕）

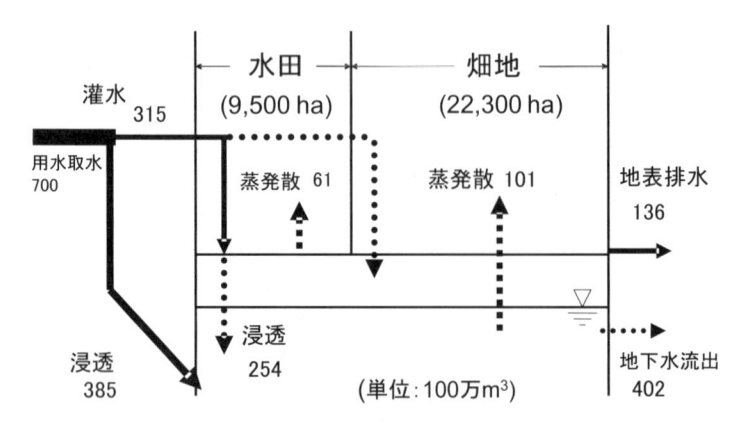

図 5.3 灌漑地域での圃場水収支の概要（カザフスタン，イリ川下流アクダラ灌漑地区の例）（原図 Shimizu et al., 2010）

[図中の数値：灌水 315，用水取水 700，水田 (9,500 ha)，畑地 (22,300 ha)，蒸発散 61，蒸発散 101，地表排水 136，浸透 385，浸透 254，地下水流出 402，単位：100万m^3]

輪作と用水管理で制御してきた農地の塩類集積が急速に進んだのである．

この事態は，水田を組み入れた輪作体系の役割を改めて確認することとなった．よくいわれるように，「乾燥地の砂漠を水田として開発した無謀な灌漑農業」が農地の塩類集積や塩害をもたらしたといったような単純な事態ではなく，水田灌漑が塩類集積を制御していたという側面もあったのである．たしかに広域的にみると永続性に乏しいという明らかな問題はあったが，局面局所としては，地域の気象・水文の条件や，社会経済の状況に見合った水利用の技術が形作られていたことには注目してよいであろう．

5. 「水土の知」の見直しと農学の役割

世界の乾燥地域においては，開発途上国を中心にして，しばらくは人口増加や経済発展が続くと予想され，そこでの食料需給や農業生産のあり方は引き続いて深刻な課題である．それをいかにして，生産性が高く，かつ環境への負荷が小さく持続可能なものとしていくかが大きな課題であり，水資源の確保や灌漑など農業での水利用のあり方がその鍵となる．

ここで紹介した地域の農業生産に関わる水利用の巧みさの一端を見ると，それぞれの地域においては，水を含めて自然の条件や資源と，それらの変化や変動に

第5章　半乾燥地における水との賢いつきあい方～「水土の知」を整える　　（ 99 ）

　対応して，人間の営みが重ねられてきたことが改めて理解できる．こうした繰り返しが農業生産や農村生活の根幹に据わり，地域の人びとの暮らしと社会を造りあげてきた．その役割をこれからも持続的に担えるようにすることの中心に「水との賢いつきあい方」があるといえる．

　一方で，自然の条件や資源に対する対応における少しの誤りや，仕組みのもつ構造的なわずかな欠陥や不全が，地域やより広い範囲で環境問題を惹き起こしてきたことも，忘れずに振り返えらなければならない．持続性のない「賢くない」つきあい方といえるものである．上で紹介した，黄河流域の河套灌区における秋季湛水やアラル海流域における水田輪作における用水と土壌塩分の管理に見ることができる「巧みさ」は，より広い流域規模の水循環と環境の視点からは，管理における難しさや失敗の原因にもなっているのである．

　どちらにせよ，各地域においては，ある局面で「賢い」と判断されるようなものでも，自然や社会の変化の中では，絶対的に賢い方法や姿を設定したり選択することは基本的には困難であり，これまでの歴史や現状をみても，謙虚に客観的に事態を認識することが基本であろう．水循環を含めて自然への人間の働きかけが継続できるものであるかをまず懐疑的に問いながら検証し，また問題が生じても修正や回復ができる仕組みが備わっているならば，地域の自然や資源を巧みに長期にわたって活用することができ，それによって生活や生産，さらに地域の環境は安定したものとなると考えられる．それこそが「賢いつきあい方」と呼べるものである．

　農業・農村における水との関係に関わる課題に対しては，各地域の「水土」を永続的に整え，保全し続けることが必要でり，その根幹にある「水土の知」を，地球環境時代において仕立て直すことが求められるであろう．特に地球温暖化やそれに伴う気候の変化など，進行や影響の予測が容易ではない問題の影響を，直ちに，そしてより深刻に受けると思われる乾燥地域の水循環や農業生産に対しては，地域の水循環の変動や変化に対応できる知の機能と秩序を常に準備しておく必要がある．また，様々な変化を良く観察して，必要な対応を見極め，その効果や影響を見定め，将来にわたる長期的な準備をしておくことが求められる．

　こうした課題は，いわゆる農学全般に関わる課題であり，それへのアプローチ

にも農学の特性を活かすべきである．特に，水の循環や，それに関わる土壌や生態システムも含めた地域の自然環境や資源など，変化や変動に関わる要因が特に複雑で，現在の科学技術では細部にわたる再現や予測が十分にはできない現象は，将来の変化を精確に想定するのは困難であり，したがってそれに基づかないと判断できないような最適な対応を選択することは不可能に近い．そうした制約の中であっても，決定的な間違いをしないで「賢く」こなしたり，しのいだりするには，極めて当たり前ではあるが，利用できる知験を活用し，参考になる新材料を挑戦的に積み足しながら，適応的に対応していくしかない．

　さらに付け加えるのであれば，こうした「水土の知」の奥には，地域の資源や自然条件の個々の物や現象を，一つ一つだいじにして，家族や地域の人びと，社会的なネットワークと共同してつきあっていく中で感じる，自らの生存・生活・生産の「悦び」があるのではないか．こうした基層にまで立ち返って，水を含めて地域の資源や自然条件とのつきあい方を考えなければならず，それが望ましい農業生産や地域環境の永続，ひいては地域社会や地球の未来にどう貢献していくのか，今まさに問い直す時なのだろう．2011年3月に起こった東日本大震災で，人びとと共に，全てが流された東北の太平洋沿岸の農村地域の被害の深刻さと復興への遅しさに触れて，改めてしっかりと課題として書き留めておきたい．

引用文献

UNEP 1997. World Atlas of Desertification, Second Edition. Arnold, London.
Shimizu, K., Y. Kitamura and J. Kubota 2010. Agricultural Water Use and Its Impact on the Environments in the Lower Ili River Basin, Kazakhstan. Applied Hydrology. 22. 74-80
赤江剛夫・史海濱・李延林 2003. 河套灌区における塩害地改良法実証試験の結果と農家意識の現状，寒冷乾燥気候アジアにおける砂漠化進行農地および草原の修復と貧困改善対策．2002年度報告書，農業土木学会．21-44
農業土木学会 2001. 学会ビジョン「新たな＜水土の知＞の定礎に向けて —生命をはぐくむ農業・農村の創造—」．
渡邉紹裕・星川圭介 2006. 黄河流域の大型灌区の農業用水利用．日本沙漠学会誌，16(2)．97-101
渡邉紹裕 2009. 水を利する-水をあやつる知恵．総合地球環境学研究所編，水と人の未来可能性—しのびよる水危機．昭和堂，京都．第2章．38-67．
渡邉紹裕ら 2009. 水土を拓く知—連鎖を読み解く．農業農村工学会「水土を拓く」編集委員会編，水土を拓く—知の連環．農山漁村文化協会，東京．39-206

第6章
西アフリカの脆弱基盤に生きる知恵

林　幸博
日本大学生物資源科学部

1. はじめに

　「アフリカ」は一口では言い表せないほど広く多様な世界である．地中海に面する北アフリカは，サハラ以南のアフリカ諸国（サブサハラアフリカとよぶ 47 カ国）とは文化的にも経済的にも異質であるし，サブサハラアフリカの中でも，赤道直下とサハラ砂漠南縁に位置するサヘール地帯とは自然植生が全く異なる．また東アフリカと西アフリカでは気象分布や土壌の質が大きく違う．風土が異なれば，そこに暮らす人々の生活や文化が違うのも当然であろう．したがって，アフリカを一括りにして理解することは難しい．ここでは，筆者が調査したサハラ砂漠の南部に位置する西アフリカの国々に暮らす人々の生活を取り上げる．アフリカの人口9億人の内，西アフリカには2億5千万人が住み，厳しく脆弱な生態環境下でたくましく生きる人々の知恵が息づいているからである．

　西アフリカ，特に熱帯サバンナ地域は地理的にも社会的にも不利な条件下にあり，広大な原野に半自給自足的な生活を営む村落が多く点在している．そうした村々は，国あるいは地方政府による道路や教育，また水や電気供給などの生活インフラ整備は皆無ともいえる状況下に置かれていると言っても過言ではなかろう．その上，自然条件は大雨や洪水，干ばつなどの異常気候による自然災害の脅威に曝されることも多く，そこで暮らす人々にとっては大変厳しいものがある．

　アフリカの農業や農村地域が脆弱といわれる理由には以下のようなものが挙げ

られる．生態学的な制約，すなわち気象的な制約と土壌的な制約そして生物的な制約が他の熱帯や温帯地域に比べて大きいためである．それらに加えて，アフリカ諸国の社会経済的な制約，特に農村における貧困はそこに暮らす人々にとって自立を阻害する大きな制約となっている．

　生態学的な制約の内，気象的な制約は年々の降雨分布が不安定で，しばしば干ばつや多雨，洪水に見舞われることにある．土壌的な制約には，熱帯土壌が強く風化しているために酸性で肥沃度が低く，保肥力も保水力も小さいことにあり，生物的な制約には年間を通じて病虫害や雑草害に見舞われることにある（久馬，1997）．特に，西アフリカの土壌はゴンドワナ大陸由来の安定な地塊の上にあるため，永年にわたって隆起・沈降などの激しい地殻変動がなく準平原と呼ばれる緩やかな起伏が連続する楯状地形を造っている．こうした土壌は，長時間の風化を受けて極めて瘠薄化している（久馬，2001）．

　しかしながら，こうした西アフリカの厳しく脆弱な生態環境下にあっても，そこに暮らす人々にはたくましく生きる知恵がある．本稿では西アフリカの国々の中で，主にナイジェリア，ベニン，ガーナ，マリのサバンナ帯における農村の人々の生業と生活の知恵が持続的な環境維持のためにどのような役割を担ってきたか，またそれらの知恵を基礎にした生業と生活を維持するための地域資源の活用と管理手法の研究事例を紹介する．

2．西アフリカ・サバンナ帯の生態環境

　西アフリカの気候帯は，ギニア湾に面した海岸部の湿潤熱帯からサハラ砂漠に向けて湿潤サバンナ帯（ギニアサバンナ）・乾燥サバンナ帯（スーダンサバンナ）そしてより乾燥の進んだサハラ南縁部のサヘール地帯に区分され，緯度が高くなるにつれて帯状に気候が変化するのが東アフリカや南アフリカとは異なる西アフリカの気候特性である．こうした明瞭な帯状に変化する気候特性は，西アフリカには高山がなく，連続した平坦な楯状地形に由来している．

　本稿で取り上げる湿潤サバンナ帯は，さらに南の沿岸サバンナあるいは人為由来のサバンナ帯と比較的湿潤な南ギニアサバンナ帯，さらにより乾燥した北ギニアサバンナ帯に3区分されている．これら気候帯の気象条件の違いは，降雨量だ

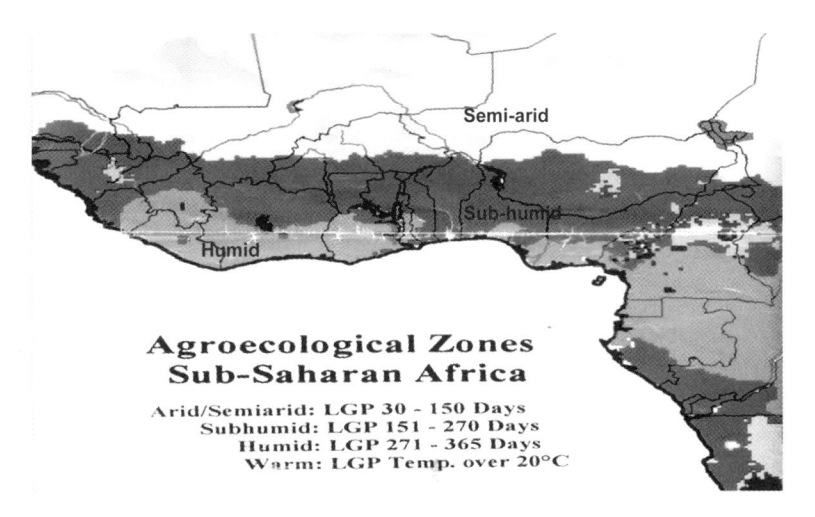

図6.1 西アフリカの農業生態気候区分図 (Jagtap and Ibiyemi, 1998)

けでなく日照条件にも色濃く現れている（図 6.1 Jagtap and Ibiyemi, 1998）．西アフリカの農業生態学的区分は，作物の生育可能日数（LGP：Length of Growing Period）に基づいている（表6.1 IITA, 1998）．すなわち，緯度が高くなるにつれて降雨量が減り，生育期間が短くなる一方，日照は高緯度地域で増加する．降雨が少ない分，晴天の日が多いからである．

　西アフリカの湿潤サバンナ帯においては，緯度が高くなるほど様々な農業生態学的制約が強まる傾向にある．土壌では，土壌侵食の危険性が高まり，土壌の理化学性も悪くなる．湿潤帯よりも乾燥帯の方が土壌侵食の危険性が高まるのは，乾燥するほど土壌を被覆する植生の量が減り，土壌表面を流れる水量が増加するからである．また乾燥による土壌の固結化が強くなる（表 6.2 IITA, 1998）．さらに，作物を収穫した後のワラなどの作物残渣は家屋の屋根葺き材や垣根を作るのに用いられるため，家畜の飼料は不足がちになる．雑草害は，比較的降雨の多い南部ではチガヤ（*Imperata cylindrica*）が強害雑草になるが，北部では寄生雑草のストリガ（*Striga hermonthica*）が主要穀類に大きな被害を与える．干ばつの危険性は緯度が上がり，サハラ砂漠に近づくにつれて高くなる．

表6.1 西アフリカ・サバンナ帯の農業生態学的特性

	湿潤サバンナ帯		
	沿岸あるいは 人為由来のサバンナ	南ギニアサバンナ	北ギニアサバンナ
作物生育可能日数（日）	210–270	180–210	150–180
年間降水量（mm）	1100–1800	1100–1500	900–1300
雨季のタイプ	Bimodal	Bimodal	Unimodal
日平均日照量 ($cal\ cm^{-2}\ day^{-1}$)	340	＊	520
卓越する土壌	Alfisols and associated soils		

(IITA, 1998)

表6.2 西アフリカ・サバンナ帯の農業生態学的制約要因

Problem	Coastal and derived(DS/CS)	Southern Guinea (SGS)	Northern Guinea (NGS)
土壌			
表面流居水/土壌侵食	++	++	+++
窒素不足	++	+++	+++
リン不足	++	++	+++
硫黄不足	+	++	++
微量要素欠乏	+	+	++
土壌酸性	+	+	++
土壌圧密度	+	++	+++
植生			
作物残渣	+	++	+++
家畜の飼料	+	++	+++
雑草			
非寄生雑草	+++	+++	++
チガヤ(*Imperata*)	+++	+++	+
寄生雑草(*Striga*)	+	++	+++
気候			
乾燥ストレス	++	+	+++

(+)の数が多いほど制約が大きいことを示す　　　　　　　(IITA, 1998)

3. 熱帯サバンナ帯で生きるための知恵

(1) 気象予測の例

　西アフリカの気象は概して不安定である．多雨や旱魃などによる農業気象災害が頻繁に発生し，その度に人々は飢饉の危険にさらされてきた．そうした自然災害からの被害を未然に防ぐために，日本と同様に農事に関わる観天望気（天気占

い）による天候予測の知恵が伝承されてきた．

例えば，サハラ砂漠から吹き降りてくるハルマッタン（*Harmattan*）の砂塵による気象予測があり，次の雨季の降雨量や降雨日数を予測する．これは，乾季と雨季が明瞭に分かれている熱帯サバンナ帯で農業を営む際，播種時期や栽培する作物の配置を決めるための情報として大変重要な意味を持っている．この予測はハルマッタン期の視界の良し悪しや，朝露の多少，土色の変化で判断する．

ハルマッタンからの砂塵や朝露が多いと，次の雨季には多量の降雨を期待できるが，それらが少ない場合は干ばつになるという．予測の結果として多雨が予想される場合には，傾斜面や低地部での作付けをできるだけ回避して台地の平坦部の作付けを増やし，また畝を高くし，その方向は傾斜に沿わせる．これは降雨による激しい土壌侵食や多量の表面流居水が播いた種子を洗い流すのを防ぐためである．土壌侵食の対策には畝を等高線に沿って作り排水させる方法が一般に行われている．しかし，そうした方法では対処できないほど強く多量の降雨がある．すなわち，等高線に畝を作った場合は一度に多量の雨水が流れると畝を越えて播いた種子を流してしまうからである．そのため，上下方向に溝を作って水を流し，早く排水させる知恵である．また，干ばつが予想される場合には，作付け時期を後ろにずらし，傾斜面で栽培する作物をミレットやラッカセイ，ササゲのような干ばつ抵抗性をもつ作物に替えるなどの配慮が見られる．これは，低地より傾斜面の方が乾燥しやすい地形だからである．

また，乾季末の日照と気温から雨季の開始時期を予測する伝承された観天望気がある．乾季末 3～4 月にかけて例年にない強い日射と高い気温の日々が続いた場合には，その次に来る雨季の降雨は例年よりも 2～3 週早まるという．この伝承に妥当性があるかどうか過去 10 年の気象データから検討した結果，雨季前に 40℃以上の日数が多かった 1990 年，95 年と 96 年の雨季の開始した日は例年よりも 2～3 週間も早かったことがわかった（表 6.3 林，2002）．

ハルマッタンの降塵量と雨季の降雨量の関係については，1997 年の干ばつと 2001 年の多雨の降雨状況が予測を裏付けるものだった．ここでは 2001 年の観天望気と実際に起こった天候例を挙げてみよう．

ナイジェリアの北ギニアサバンナ帯に位置する Y 村では，2001 年の前年の乾

表6.3 ナイジェリアのY村近辺の気象データ (1985-1997)

年	86	87	88	89	90	91	92	93	94	95	96	97	平均
年降雨量(mm)	946.1	744.6	920.2	909.2	879.6	949.6	1229.4	1141.9	1174.3	961.7	1149.3	827.0	986.1
降雨日数(日)	75.0	61.0	80.0	79.0	69.0	76.0	88.0	72.0	89.0	71.0	73.0	63.0	74.7
平均最高温度(℃)	33.1	33.3	32.7	32.0	33.8	32.7	31.9	33.0	33.2	33.8	33.7	*	33.0
平均最低温度(℃)	19.9	20.0	19.7	18.5	19.9	20.0	17.3	19.4	19.2	19.5	20.0	*	19.4
雨季の降雨開始日[1]	6/4	5/19	5/18	5/31	5/7	5/23	5/20	5/18	5/22	5/3	5/9	6/2	
雨季直前に最高気温が40℃以上の日数	9	11	6	7	14	2	4	4	4	18	17	*	9

1) 5mm以上の降雨が連続2週間にわたって記録された場合の最初の降雨日
*) データ未入手,出所:バウチ空港管理事務所の気象データに基づいて集計

(林, 2002)

季中に多量のハルマッタン砂塵が降り,雨季前には強い日射と高温の日々が続いたため,当地の農民達は雨季が早まり多雨になると予測した.実際,その年の雨季は半月も早く始まり,降雨は連続して約2カ月半に及んだ.しかし,雨量が予想したよりもはるかに上回ったため,せっかくの多雨対策も充分な効果を上げず収量が半減した農家も多かった.その多くは播いた種子が雨で流されたためである.

ハルマッタンによる次年度の降雨量を予測する観天望気の例は,ナイジェリアだけでなくガーナやマリの農民からも教えられた.これらの国はいずれもハルマッタンが降る地域であることから共通した観天望気を持っているようである.こうした農事や自然災害にかかわる天気の予測が広範囲に伝承されている事実を見ると,西アフリカ一帯の過去の飢餓や天災に見舞われた苦しい経験の中で生まれた在地の伝承知識や技術に共通性が見られ,多くの村が同じような問題に対処した歴史が読みとれる.

(2) 作付け様式の例

作付け様式にもサバンナで生きる知恵が随所に見える.ナイジェリアのY村で過去10年間(1988-1997)の単作と間・混作に使用した耕地の割合を調べた結果,単作だけに使用した耕地は約2割に過ぎなかった(表6.4 林,2002).しかも,同じ耕地に

同じ作物を連作することは少なく，主食のイネ科作物とマメ科作物を輪作するパターンが多い．例えば，ミレット/ソルガム/トウモロコシ/ラッカセイのように4年周期の輪作様式の中に，3年連続でイネ科作物を栽培した後にマメ科作物を1回組み込むパターンや，ミレット/ラッカセイ/トウモ

表6.4 過去10年間の単作と間・混作および作物別の土地利用率

土地利用	利用率(%)
単作のみ	21.4
単作と間作の輪作	79.6
間・混作のみ	0
休閑地の割合	35.7

(林, 2002)

ロコシ/ササゲのように1年おきにイネ科とマメ科作物を交互に単作する輪作パターンがある．最も多用されている作付け様式は単作と間・混作を輪作様式の中に組み込むパターンで，約8割の耕地が数年周期で単作と間・混作を交替させながら使用していた．間作を取り入れる理由は，マメ科作物による空中窒素の固定による肥培管理や土地利用効率だけでなく，病害虫や気象災害による被害を最小化するねらいもある．これに類似した作付け様式はナイジェリア北部で広く見られる（Buchanan et al. 1966；Okpoko et al. 1999）．

他方，ファダマ（*Fadama*）と呼ばれる雨季にのみ冠水する低湿地や小河川の氾濫原ではイネがトウモロコシと間作されている（写真6.1）．しかも，イネは水稲品種と陸稲品種を混播する場合もある．というのも，干ばつの年に水稲が不作となっても陸稲は収穫できるし，さらに厳しい干ばつの場合でもトウモロコシだけはなんとか収量が確保できるからである．干ばつの危険性を見込んで，無収穫による飢饉を避けるために，少しでも確実に食料が確保できるよう危険分散の効果を期待してのことであろう．また通常は，ミレットとトウモロコシの間作はしない．これは，ひとつにはミレットの草丈が高くトウモロコシを被陰してその生育を阻害するためであり，また両作物の収穫時期がかさなってしまうために収穫作業の負荷が一時的に高まることを回避するためである．

単作と間作の輪作体系から，主食穀類作物の単作連続栽培を避け，適時にマメ科作物を単作あるいは間作として輪作体系の中に組み込むことによって土壌の疲弊が進行するのを回避し，またマメ科作物のもつ窒素固定能力を利用して土壌肥沃度の維持を図ろうとする農民の知恵が読み取れる．

実際には，たいていの農家が住居周辺の耕地で主食穀類作物を基幹とした輪作

写真 6.1 ファダマ（雨季に湛水する耕地）での稲とトウモロコシの間作（ガーナ）

を行い，住居から離れた耕地では主としてマメ科作物の単作と間作栽培の輪作を行っていた．これは，家畜糞が主に住居周辺の耕地に限定されて施用されていることと関連している．というのも，限られた量の家畜糞を主食作物の生産に割り当てて地力の維持を図り，そうした有機物の投入による肥培管理の補助ができない耕地ではマメ科作物の窒素固定能に依存するという知恵である．

（3）耕地の肥培管理の例

ナイジェリア，ガーナ，マリの熱帯サバンナ帯に位置する農村において肥培管理に関する聞き取り調査をした結果，いずれの農村でも耕地の肥沃度は主に畑の休閑と家畜の糞に依存していた．その他，前述したようにマメ科作物との間作と輪作によるものと，作物残渣や家庭ごみや台所からの灰の散布がある．

ナイジェリアのY村の場合，住居の周辺以外のすべての耕地が少なくとも一度は休閑されていた．その期間は長くとも10年間，最も短い休閑は2年間だった．また耕地を休閑に回すまでの耕作期間は，通常5年から8年間である．一般に，休閑される土地の多くは住居から遠く離れた場所にあり，林地を開いて畑にした後も家畜糞の施用は皆無か，あってもごくわずかである．一方，住居周辺の耕地は常畑利用されている．それを可能にしているのが家畜糞の連続施用と輪作様式

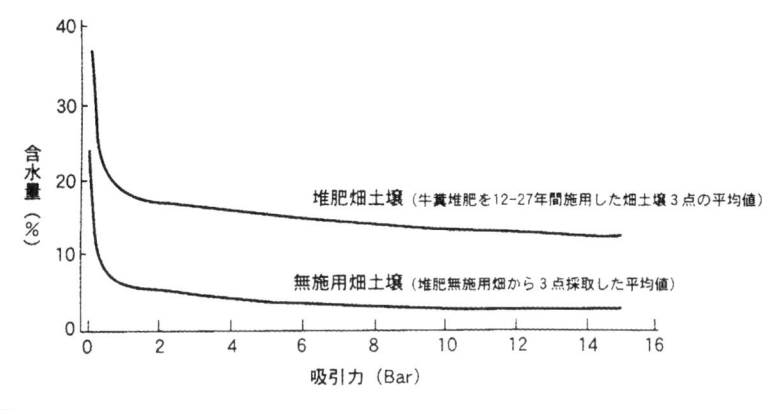

図6.2 同じ地形面上にある長期堆肥施用畑と無施用畑の土壌保水力の違い(林, 2002)

の組み合わせであろう.

　家畜は牛, ヤギ, 羊, 家禽類（鶏とホロホロ鳥）が飼養されている. 家畜糞の施用により, 土壌中の全炭素や全窒素, リン酸のような有機物由来の成分や, 無機イオン類が増加し, また土壌保水力を高めるなど, 土壌の化学性や物理性を改善する効果が大きい. 西アフリカの熱帯サバンナのように降雨分布が不安定で干ばつの危険性が高い気象環境において, 保水力の大きい土壌が持つ意義は重要である. というのは, 雨季が始まった直後の降雨時に播種し, それらが出芽しても, その後に降雨が続かない場合には苗は枯死する危険性が高い. そうした場合でも, 家畜糞を堆肥として多年連用した畑土壌では, 同じ地形面上にある堆肥無施用の畑土壌と比べて格段に高い保水性をもち, 苗の枯死を防ぐことができるからである（図6.2 林, 2002）.

　雑草は緑肥として耕地に鋤きこんでいる. 農民たちは, 耕地に繁茂する雑草種の違いによって耕地の肥沃度を判断する. 調査したナイジェリアのY村の耕地では21種の雑草を同定した. その内, 16種は肥えた耕地に優占する雑草で, 5種は痩せた耕地でのみ, 8種はどちらの耕地にも現れる種である. 農民たちは, 除草した後にすぐ出てくる8種の雑草を強害雑草とみなしているが, いずれも肥えた耕地で繁茂する種である. これらの雑草は, 播種前に畝を立てる際に緑肥として鋤き込まれるが, 栽培途中の除草時には株間に放置し乾燥させるだけである.

表 6.5 農民に肥料木と認識されている樹種

Hausa名	Latin名
Bauree	*Ficus sycomorus*
Baushee	*Terminalia avicennioides*
Danyan	*Sclerocarya birrea*
Dorowa	*Parkia biglobosa*
Gamjii	*Ficus ovata*
Gao	*Faidherbia albida*
Kadanya	*Vitellaria paradoxum*
Kakkara	*Acacia polyacanthe*
Kanyan	*Disopyros mespiliformis*
Maje	*Daniellia oliveri*
Tsamiya	*Tamarindus indica*

(林, 2002)

これは，土壌を被覆するマルチの効果を期待してのことだろう．

前述したハルマッタンからの砂塵も耕地の土壌肥沃度を回復させる効果があると農民たちは考えている．また，ハルマッタンの色によって異なった判断をする場合がある．すなわち，白いハルマッタンは土壌を肥やす効果があるが，赤いハルマッタンが来ると翌年の落花生に病害をもたらすという．この真偽についてはまだ明らかではないが，土壌の化学的な分析をした結果，ハルマッタンの砂塵には作物の養分となる多くの無機イオン量が含まれていることがわかっている．

他方，耕地内に残されたりあるいは植栽されたりした樹木の樹冠下では，ソルガムやトウモロコシなどの穀類作物が小さな緑の小山を形成しているのを見ることができる．農民たちはそれらの樹木が肥料効果をもたらすと認識しており，肥料木と呼んでいる．

写真 6.2 アルビダの樹冠下ではトウモロコシの生育が旺盛である（雨季のナイジェリア）

聞き取りと観察によって肥料効果があると見なしうる樹木は 11 種あった（表 6.5）．なかでも，ガオ（Gao；Hausa 名）の木（*Faidherbia albida* あるいは *Acacia albida*）の樹冠下での作物生育が顕著である（写真 6.2）．この木は落葉樹の一つではあるが，雨季に落葉し乾季になると旺盛に葉を繁らす特異な生理特性を

もつマメ科樹木のため，雨季の作付け前には有機物（樹木葉）を樹冠下土壌に供給するとともに，作付け期間中に作物を被陰しないという利点をもつ．そのため，農民たちは好んでガオの樹冠下で主食作物を栽培する．

　その他の肥料木に対しては，雨季開始前にその樹冠下の落葉を耕地に鋤込んだり，また燃やしたりした灰を周辺耕地に散布する．この肥料木とみなされている樹木は，一方で飼料木（fodder tree あるいは browse tree）の機能も併せもっている場合が多い．すなわち，乾季中に家畜，特に牛の飼料が不足する時期には枝打ちをし，葉を落として食べさせるため，牛はその木の樹冠下に多量の糞を放出することになる．したがって，樹木の葉による肥料効果だけでなく，むしろ牛糞による土壌の肥沃効果も考慮する必要があろう．

　こうした畑と樹木と家畜を組み合わせた肥培管理あるいは土地利用は，ナイジェリアだけでなくガーナ，マリ，ベニンの農村部でも観察した．こうした伝統的といえるファーミングシステムは，当地域内で古くから脈々と続いてきたアグロフォレストリーシステムの一つと考えられ，持続的農業あるいは環境保全的農業の原型とみなしてもよいだろう．

　シロアリ塚（Termite mound）の周辺においても同様に作物生育の良好な様相が見られる．ただし，農民達はシロアリ塚を故意に崩してその築土を広げることはしない．なぜなら，そうした行為はシロアリの生息地を耕地内に蔓延させることになり，深刻なアリ害を招来することになるからである．一方で，シロアリの生息しなくなったアリ塚は崩して耕地に散布するが，その肥料効果の高いことはサバンナ地域一帯で広く認識されている（Baker, 2000）．

（4）　樹　木　利　用　の　例

　畑に散在する樹木や近くの潅木や林の樹木は，村の生活に欠かせない貴重な資源でもある．ナイジェリアの Y 村では，村落周辺の樹木は薪や肥料木あるいは飼料木としてだけでなく，食用や薬用，農耕道具や家の建材等々，様々に利用されていた（林 1994, Hayashi et al. 1996）．例えば食用には，樹木の葉をつぶして粘液上のスープに使う樹種が 8 種ある．その内，日常的に頻繁に用いられているのはバオバブの木として日本でも知られているクカ（Kuka：*Adansonia digitata*），そしてカッカ（Kaka：*Sida linifolia*）とゾガール（Zogall：*Moringa oleifera*) の葉である. 果実を人間が生食できる在来の樹種は 15 種あり, 葉を飼料として家畜に与える樹種は 20 種ある. また, ドローワ (Dorowa, African locust bean：*Parkia biglobosa*) の種子を発酵させて作るダワダワ (Dawadawa cakes) は, 納豆の香りがするスープの味付け材となる. カダンヤ (Kadanya, Shea butter tree：*Vitellaria paradoxum*) の実からは食用油や医薬, 化粧品, 石鹸などが得られる. 現在, この木から採れる良質な油脂は皮膚の保湿力を高めるらしく, 日本やヨーロッパ諸国では高級化粧品の原材料として人気が出ているようである. 前述したガオの木 (*Faidehrbia albida* Del.) は, 肥料木としてだけでなく, 葉は家畜の飼料になり, 樹皮や根には薬効もある.

村落周辺に見られるほとんどの在来樹種は何らかの薬効があるとみなされている. その利用部位は葉, 果実, 根, 樹皮と様々だが, 特に消化器系と伝染性の疾患に対して利用する樹種が多い. その薬効については各自の意見の差が大きくて定かではない. また, 野草や雑草の中にも薬効をもつ種がある. 例えば, ダイドヤ (Daidoya：*Ocimum basilicum*, バジル) は, ヤブ蚊の防除に大きな効果があるという. 野外で作業する際には, ダイドヤを燃やした煙でヤブ蚊を追い払ったり, 葉を手で擦りつぶしたりして身体に塗りつける. また家庭では, 乾燥したダイドヤの葉を粉にしてヤギから採った油と混ぜて虫除けとして身体に塗布する. さらに香水としても使われている.

これらの知識は, 老若男女を問わずほとんどの村人がもっているといってもよかろう. というのも, 村での聞き取り調査時や野外観察して歩いている時, 「…の木 (草) には薬の効果があるのか？どんな病気に効くのか？」などと訊ねると, 老人はもとより幼い子供たちからも即座に的確な答えが返ってきたからである.

4. 脆弱な環境を生きぬく知恵と地域環境資源を活用した実証試験例

西アフリカの農村を調査する過程で, あらゆるものが資源として利用できることを学んだ. すなわち, 大気 (大気成分, 風, 塵), 土, 水, 地形, 太陽 (温度, 光), 植生 (樹木, 雑草, 野草, 作物), 動物 (家畜, 野生動物, 昆虫), 人間活動 (技術, 労力, 知識, 知恵) 等々の地域生態系を構成するすべての要素は地

域環境資源になる．また一見脆弱で不利に見える環境や条件でも，視点をかえれば有利になることを知った．例えば，熱帯の高標高地域では低温が資源となるし，乾季の存在も乾燥条件が利用できる．雑草や害虫も，視点を変えれば資源である．これは，富栄養化した湖沼から水質汚染有機物を資源として回収する視点と同じである．

　そうした視点の転換によって，これまで脆弱で不利な環境であると見なされてきた地域にも，有利な条件が沢山存在していることを再発見した．実際，これまで述べてきた熱帯サバンナの村にある資源とその管理慣行から得られるメリットの枠を広げる可能性を探るため，不利な環境を有利な資源として利用するアイデアを実証するためのオンファーム試験（現地で行う試験）を熱帯サバンナの農村で実施した．

　例えば，牛は重要な役畜であると同時にその糞は作物残渣とともに伝統的な肥培管理には欠かせない要素である．しかし，牛糞や作物残渣をそのまま耕地に散布するよりも，一度効率的な燃焼エネルギーとして利用するプロセスをこれまでの肥培管理の中に挿入することで，エネルギーと肥料の両方が得られる新たな肥培管理技術を提案した．実際には，現地で簡単に入手できる資材（セメント管とドラム缶）を組み合わせた，農民とともに作製した密閉容器（バイオガス発生装置）に牛糞と作物残渣を投入してメタンガスを発生させ，薪の代わりの煮炊きに使った（写真6.3）．これは，当地にとって重要な有機肥料である牛糞を他の目的に転用することになるため，耕地の肥培管理に齟齬を来すことにもなりかねない．しかしながら，メタンガス発生後の消化液は液肥化す

写真 6.3 セメント管とドラム缶で作成した牛糞のバイオガス発生装置（ナイジェリア）

るし，スラリー（残滓）は粉末肥料になる．そのため，その肥効を牛糞施用と比較するためにトウモロコシを用いた肥料効果試験を 3 年にわたり実施した．その結果，消化液とスラリーを施用した畑のトウモロコシは牛糞施用区のそれに勝るとも劣らない収量を示した（Fatunbi et al., 2005）．人糞の利用が可能かどうかについてはそれぞれの地域の文化や慣習によって受容されるかどうかを見極めることが必要であり，今後の課題である．一例をあげると，JIRCAS（国際農林水産業研究センター）の「アフリカにおける土壌肥沃度改善検討調査」のプロジェクトがガーナで実施した人糞利用に対する農民の反応は，ガーナ南部では受容できる可能性はあるが，北部ではかなり抵抗が大きいとの結果だった（国際農林水産業研究センター，2011）．

　乾季に熱帯サバンナ帯で過ごした人なら誰でもが抱くであろう感想は「非常に暑く，日差しが眩しく，からからに乾燥している」ので熱中症にでもなりそうだ，であろうか．一方，視点を変えれば「豊富な放射熱と豊かな日照に溢れたさわやかな地域」にもなる．そこで，豊富な放射熱を活用した直径 1.2m のパラボラ型ソーラークッカーを現地の溶接屋で試作し，熱量測定を実施した．その結果，晴天時には平均して約 240,000Cal/時の熱量が得られた（写真 6.4）．3 世帯の農家でソーラークッカーを実際の煮炊きに使ってもらい，薪の消費量がどれだけ減ら

写真 6.4　村で稼動している 3 種のソーラークッカー (ナイジェリア)

せるかについて調査した結果，季節的な変動はあるものの平均して約 10Kg/日の薪使用量を減らせる可能性を示した．これは当地の平均的な農家が消費する薪の 2/3 に相当する．

さらに，西アフリカ・サバンナ帯の厳しい乾季の乾燥環境は農作物の保存や食品の加工に有益な資源にもなる．また同時に，雑草や樹木の葉を緑肥やマルチング利用するオンファーム試験も実施した．

農民たちが行っている雑草の鋤き込みに加えて，それらを雑草種別に区分し，生のままと乾燥後に分けて土壌に鋤き込み，またマルチとして土壌表面を被覆し，緑肥としての肥料効果とマルチング効果がトウモロコシとササゲの収量に及ぼす効果について試験を実施した．その結果，雑草種の中でもマメ科雑草の *Cassia mimosoides* を生のまま鋤き込んだ場合に，トウモロコシとササゲともに他の雑草種の施用に比べて顕著な増収効果が認められた（林　幸博・廣瀬昌平，2002）．

さらに，農民たちが肥料木とみなしている 11 種の樹木に加えて，樹木葉の成分分析によってリグニンやポリフェノール，窒素，リン酸，カリの含有量から導き出した緑肥適用指数（Suitability index：Tian et al., 1995）が高いと認められた在来樹木の葉も，また耕地に鋤き込み，それらの葉が供試作物のトウモロコシの収量に及ぼす緑肥効果を検討した．その結果，農民たちに肥料木とみなされてきた樹木の葉はもちろん，これまで肥料木と認識されていなかった *Anogeisus leiocarpus*（Marke：Hausa 名）の樹木葉にも高い緑肥効果のあることがわかった．これらの結果は，伝統的な肥培管理慣行の中にも潜在的な地域資源が残されていることを示唆するものである．今後，未利用の雑草や樹木の葉にも肥培管理としての緑肥効果が期待できるものもあると思われるし，土壌侵食を軽減する土壌被覆（マルチング）材となる資源としても期待できる．

5. おわりに

西アフリカの脆弱な生態環境の下で暮らす人々の知恵から学び，それらに立脚して彼らが抱えている問題の解決を図る手法が求められている．温故知新によるアフリカ各地の農村で伝承されてきた在地の知恵を活用した発展の機会も見出せよう．

西アフリカ諸国のような発展途上国の自立的発展を可能にするためには，教育が最重要であることは言を待たない．だから，学校を作り教師を派遣することが必要であるとして，教育に対する国際協力もまたそうした方向に進んでいるように見える．確かにその通りかと，つい首肯してしまう．しかし，筆者が訪ねた熱帯サバンナの村落や集落の場合，その多くが教師や学校を作っただけで子供達に教育の機会が増えるのかと問われれば，否と言わざるを得ない状況にある．なぜなら，薪や水の運搬が子供達に与えられた日課であり，また家畜を住居から遠く離れた草地につれてゆくのも子供たちの仕事だからである．そのために学校に通えない子供たちがどれほどいるか．そうでなくとも疎林が卓越するサバンナ帯では，年々薪の採集場所が遠くなり，薪集めは1日仕事で，それだけ子供達の登校機会が減る．したがって，ここで紹介した新たな資源管理の試みは，生業の持続可能性のみならず，薪に替わる燃料を家畜糞と太陽熱から得ることによって，子供達や女性の労働負担の軽減化を果す効果を生みだした．

　以上述べてきた種々のオンファームでの試行試験の成果は，当地の農民たちからの意見や評価を受けることで始めて実用的な技術になりえるものであって，これらの技術は農民たちにフィードバックされねばならない．これまでの成果は過渡的な評価にとどまっているものも多くあるが，西アフリカの熱帯サバンナ帯農村における農民たちに伝統的に利用されてきた資源に加え，肥培管理や燃料エネルギーの充足に役立つ潜在資源がまだまだ沢山残されている可能性が示唆できた．

　その結果，伝統的な資源管理慣行の知恵に技術的な改善を加えることによって，資源が乏しいと見なされていた農村にも自立的な発展可能性が見えきたのではないかと考えている．卑近な話になるが，筆者は2000年の12月にナイジェリアのエスニックグループの一つであるバンカラワ（Bankalawa）の人々からチーフ（Chief；Sarkin Yaki, General of Military）の称号を与えられた．村人から筆者の開発協力に対する実績評価をいただいたものであり，大変な名誉と感じている．

引用文献

国際農林水産業研究センター　2011．在来資材へのアクセス，資材加工の実行可能性につい

て.「平成22年度　アフリカにおける土壌肥沃度改善検討調査業務報告書」JIRCAS.つくば市.95-102.
久馬一剛　1997．食料生産と環境　第1版，化学同人　京都.44-45
久馬一剛　2001．熱帯の土地/土壌資源について　Tropical Ecology letters No.45：1-5．
林幸博　1994．西アフリカの北ギニアサバンナ帯における固有樹種の農民利用　Tropical Ecology Letters　No.17：1-5.
林幸博　2002．西アフリカ・サバンナ帯農村の伝統的な資源管理慣行と人々の生活，アジア・アフリカ地域研究　No.2：70-87.
林幸博・廣瀬昌平　2002．西アフリカ・サバンナ帯における地域環境資源の利用実態と村落開発の可能性－ナイジェリア，バウチ州の一農村を事例として『開発学研究第12巻第2号（通巻57号.p12-21
Baker,K.M. 2000. Indigenous Land Management in West Africa, An Environmental Balancing ACT. OXFORD NIVERSITY PRESS.London.
Buchanan, K.M. and Pugh, J.C. 1966 Land and People in Nigeria. University of London Press. London.
Fatunbi A.O., Y.Hayashi, G.Tian and G.O.Adeoye, 2005. The effectiveness of different forms of organic amendment for maize production in the Guinea Savannah of Nigeria. Bowen Journal of Agriculture Vol.2(2) p191-202
IITA. 1998. Research Prospective Annual Report. Ibadan：IITA. pp. 7-9.
Jagtap, S.S. and Ibiyemi, A.G. 1998 GIS Database for Agricultural Research and Policy Analysis. Ibadan：IITA.
Hayashi, Y., R.J. Carsky and D.O. Ladipo. 1996 Use of Indigenous tree species in selected area in the Northern Guinea Savanna of Nigeria. Nigerian J. Forestry. 26(1)：15-21.
Okpoko, A.I. and Okpoko, P.U. 1999 Traditional Farming Practices in Nigeria. In Okpoko A.I., ed., Africa's Indigenous Technology, With Particular Reference to Nigeria. Ibadan：Wisdom Publishers Limited, pp.54-66.
Tian,G.Brussard,L and Kang, B.T.1995. An Index for Assessing the Quality of Plant Residues and Evaluating Their Effect on Soil and Crop in the Sub Humid Tropics, Applied Ecology 2：25-33

第7章
津波による海岸林の被害と復興

坂本知己
独立行政法人 森林総合研究所

1. はじめに

　平成23年3月11日，平成23年東北地方太平洋沖地震が発生し，東北地方から関東地方にかけての太平洋岸は巨大な津波に襲われた．この津波は，多くの生命・財産を奪い社会基盤を破壊する戦後最悪の自然災害をもたらした．海岸林も例外ではなく，少なくとも青森県から千葉県にかけての海岸林が甚大な被害を免れ得なかった．これら海岸林の再生は，震災からの復興に不可欠である．被災した地域の復興にあたっては，これら海岸林がそれまで果たしてきた防風や防潮，飛砂防備などの防災機能はもちろんのこと，景観の創出，保健休養の場の提供などその多面的な働きが欠かせないからである．そして，海岸林の再生にあたっては，単に津波の前の状態に戻すに止まらず，より望ましい姿の海岸林を作り上げたい．どのような海岸林をどのように再造成するのが望ましいのかを検討するために津波後の半年間，調査[1]を行ってきた．ここでは，海岸林の被害実態，海岸林が果たした防災的な機能の実態に基づいて海岸林の再生・復興の考え方について述べる．

　なお，一連の調査を行うにあたっては，林野庁治山課，東北森林管理局，関東森林管理局，青森県，岩手県，宮城県，福島県，茨城県，千葉県，株式会社森林

---

[1] 林野庁から（独）森林総合研究所への委託事業「海岸防災林による津波被害軽減効果検討調査」．調査にあたっては，日本海岸林学会の全面的な協力を得た．

テクニクス，国土防災技術株式会社，日本海岸林学会をはじめとする多くの方々からいろいろとお世話・ご協力いただいた．厚く御礼申し上げる．

2. 巨大な津波

　今回の津波をもたらした東北太平洋沖地震は，三陸沖を震源とするマグニチュード9.0の巨大地震であった[2]．気象庁がとりまとめた津波観測施設で観測された津波の観測値[3]の最大は，福島県相馬の9.3m以上とされているように，地震ならびに津波の巨大さゆえに観測施設が十分には機能できず，実際の津波の高さはさらに高かったことが考えられる．痕跡調査では，岩手県大船渡市白浜漁港で16.7mが記録されている．また，東北地方太平洋沖地震津波合同調査グループ（http://www.coastal.Jp/ttjt/）による速報値（2011年11月11日参照）では，20mを超える浸水高が複数箇所で観測されている．林野庁による空中写真を用いた緊急調査結果によれば，今回の津波による海岸林の浸水被害は，青森，岩手，福島，茨城，千葉の6県で，約3,660haに及んだ（東日本大震災に係る海岸防災林の再生に関する検討会，2011）．このように，今回の津波はこれまでの記憶にない，人々の想像を遥かに超えた巨大なものであった．

　リアス式海岸が発達する岩手県沿岸での波高は特に高く，巨大な津波に襲われ

図 7.1　海岸林が壊滅した例（岩手県田野畑村明戸）
防潮堤は水門を残して破壊され，その内陸側の海岸林は消滅した．

---

[2] http://www.seisvol.kishou.go.jp/eq/2011_03_11_tohoku/index.html
[3] http://www.seisvol.kishou.go.jp/eq/2011_03_11_tohoku/tsunami_jp.pdf

た海岸では，防潮堤が破壊され，海岸林も壊滅した（図7.1, 図7.2）．陸前高田市の高田松原の多くは，地盤沈下の影響もあって樹木だけではなく土地まで流失し海となった．

仙台平野での波高は，リアス式海岸ほどではなかったが，東北地方太平洋沖地震津波合同調査グループ（前出）によれば，10mを超える浸水高も記録されている．仙台平野の多くの箇所においては，防潮堤を越えた津波が堤の内陸側を洗掘

図7.2 27年前の明戸海岸林の様子（岩手県田野畑村明戸，1984年）
（独）森林総合研究所気象害・防災林研究室蔵

図7.3 防潮堤の背後の洗掘（宮城県岩沼市）
左上に見える海岸林には破壊された防潮堤の構成材料が散乱し，林帯の海側部分はなぎ倒された．

図 7.4 破壊された防潮堤と背後の洗掘（宮城県岩沼市）
防潮堤が破壊され海面が見える．右側の帯状の水面は，越流した津波によって洗掘されたと考えられる凹地．手前のコンクリートや中央上に白く見えるのは，損壊した防潮堤の構成材料が移動したもの．

図 7.5 流失した人工砂丘（青森県三沢市）
中央に縦に延びる凹地には人工砂丘があった．人工砂丘を越流した津波によって人工砂丘の背面が内陸側から順に浸食され流失したと考えられる．手前の水面は，人工砂丘が決壊した部分．

し凹地を出現させた（図 7.3）．また，その洗掘によるところが大きいと考えられるが，防潮堤自体も激しく損壊した（図 7.4）．防潮堤の内陸側の洗掘と同様の現象は，人工砂丘においても生じた（図 7.5）．さらには，海岸林があった場所が主に引き波によると考えられる浸食によって表土が失われて海になった箇所もあった（図 7.6，図 7.7）．

図 7.6 陸地の流失（宮城県山元町）
中央の波が洗っているところには海岸林があった．

図 7.7 陸地の流失（仙台市）
川があるように見えるが，津波前は両側の海岸林はつながっていた．引き波による洗掘を受け，海岸林が地盤ごと分断されたと考えられる．

3. 海岸林の津波被害

　津波は広範囲にわたったので，各地に押し寄せた津波の規模，地形条件，それらの影響を受ける引き波の状況，海岸林の規模や林相（樹種，樹高，胸高直径，枝下高，立木密度など），表土条件，また，防潮堤などの防災施設が異なるため，被害形態・程度は場所ごとに多様であった．海岸林の被害状況調査では，被害形態を次のように分けた．

（1） 幹折れ

幹折れは，文字通り幹が折れたものをいう（図 7.8）．個体によっては完全には折れるまでにはいたらず，表面上は曲がっただけの個体もあったが，幹内部には割れが確認された．幹が折れた場合，折れた幹が根株から分かれていた場合と，樹皮などによって根株とつながっている場合があった．幹が根株から分かれて根株だけが残っている場合，上部（幹）は流木化したことになる．

図 7.8　幹折れ（福島県相馬市）
折れた幹が根株とつながっているもの，幹が流失したものがある．折れ口の状態も一様でない．

（2） 根返り

根返りというのは，根が持ち上がった状態をいうが，その程度は，完全にひっくり返った倒伏状態のものから，幹が傾き根の一部が地表に現れた程度，堆砂層の中で根が持ち上がったものまで，様々であった．

典型的な例は，仙台平野の貞山堀の内陸側や福島県の松川浦などの低地で見られた（図 7.9）．根返りした個体の多くには直根の発達が見られず，根が薄い盤状になっていたこと（図 7.10），根返りの発生地の多くが低湿地状になっていたこと（図 7.11）から，地下水位が高いために根が浅く，津波の力で引き抜かれたというより，津波による浮力も受け，津波で簡単に押し倒されたように根返りしたと考えられた．また，このような場所では，地震の揺れによる根の破断，液状化による根の緊縛力の喪失もあったと考えられている．

なお，地面から完全に根が抜けた個体は，津波によって流され，その場には止まらないので，後述する流失（流木化）に区分した．

図 7.9 仙台平野で見られた根返り 1
海側から陸側に列状伐採をしたかのように，帯状に林帯が残った．
現場は，津波後 13 日経つのに水が溜まり湿地のようになっていた．

図 7.10 流木の根系
流木の多くは，根系が浅く(薄く)，発達した直根は見られなかった．

（3） 傾 き

　傾きとは，樹幹が傾いている状態をいう（図 7.12）．傾いた原因は，根元付近での幹折れであったり，根返りであったりする．原因が特定できた場合は，どちらかに分類したが，根元が津波によって運ばれてきた砂や津波以前からの飛砂で

図 7.11　仙台平野で見られた根返り 2（仙台市）
仙台平野の貞山堀（運河）の内陸側では，列状に伐採したように海岸林が筋状に抜けた（残った）箇所が多く，仙台平野の海岸林被害の一つの特徴である．（朝日航洋株式会社 提供）

図 7.12　なぎ倒されたように傾いた海岸林（仙台市）
幹が根元で折れたもの，根返りを起こしたものが混じっている．壊滅的な被害であるが，必ずしも流失（流木化）してはいない．

埋まっていて，折れたのか根返りしたのかが確認できなかったことがあり，その場合には「傾き」とした．

　樹木が，根返りするか幹折れするかは，津波から受けた力に対する幹の強度と根の強度（根返りに対する耐性）との関係で決まる．すなわち，津波の力に対して，幹に比べて根が弱ければ根返りを起こし，根の耐性が高ければ幹が折れることになる．これまでの調査では，根系が正常に発達したある一定以上の大きさ（胸高直径 10cm 程度）の個体では，地盤が洗掘されない限り，津波によって根返りすることは少なく，幹が折れた（図 7.13）．

　なお，幹折れと傾きは単独で現れるだけではなく，根返りと幹折れとの両方が生じている個体もあった．

第 7 章　津波による海岸林の被害と復興　（ 127 ）

図 7.13　幹折れ（岩手県陸前高田市）
高田松原で地盤が残った箇所では，幹折れが目立った．洗い出された根を見ると，直根がしっかりした個体が多い．

図 7.14　林内に散乱するコンクリートブロック（宮城県名取市）
津波で破壊された防潮堤の構成材料（コンクリートブロックなど）は，漂流物となって海岸林に入り込んだ．津波そのものだけではなく，これらコンクリートの塊が入り込んだことによって海岸林は大きく傷んだ．

　また，根返り，幹折れは，津波そのものの力だけで生じたのではなく，漂流物の影響も受けている．例えば，損壊した防潮堤を構成していたコンクリートブロックなどは，その場に止まるのではなく，内陸側の海岸林内に入り込んだ．これらは，海岸林構成木を直撃することになり，樹木は押し倒されたり，傷つけられたりした（図 7.14）．

（4）**枯損**

　被災後 2 週間を経ていない仙台平野では，立ち枯れている個体は単木的にごく稀に見ることはできたが，まとまって立ち枯れている箇所は目立たなかった．また，傾いた個体も葉は緑であった．しかしながら，2 カ月以上経ってから再び仙台平野を訪れてみると，傾いたほとんどの樹木の葉が褐変していただけでなく，

図 7.15 津波後生存したクロマツのその後の衰弱 1（宮城県岩沼市）
津波 12 日後は，緑の葉を着け，津波に耐えたと考えられた．

図 7.16 津波後生存したクロマツのその後の衰弱 2（宮城県岩沼市）
津波 12 日後は，緑の葉を着け，津波に耐えたと考えられたが，7 月下旬には褐変していた．

傾いていなかった樹木においても葉が褐変し，衰弱が見られるようになった（図 7.15, 図 7.16）．衰弱原因は必ずしも明らかになっているわけではないが，衰弱した個体の多くは，その根元が洗掘を受けて根の一部が露出していたり，相対的な低地に位置し周りに比べて冠水期間が長かったと推定されたりする場合であった．樹高の低い個体については，大量に砂を含んだ津波が通過したことによって，幹や葉などに傷が付き，潮風害を受けやすくなったことも考えられた．

（5） 流 失

流失は，樹木が生育していた場所から根こそぎ移動（流木化）することである．調査区に，このような個体が見られた場合は，流木として記録した．

流失の発生原因の一つは，前述したような，防潮堤や砂丘を越えた津波がそれらの背後（陸側）にあった海岸林を地盤ごと流失させた場合や，引き波などで地盤が流失した場合である．もう一つは，根返りにおいて，根系が完全に抜けたり切断したりした場合である．

(6) 生 存

　多くの海岸林や海岸林を構成する樹木が甚大な被害に遭う中で，津波に襲われながらも生存した海岸林もあった．例えば，宮城県石巻市長浜の海岸林である（図7.17）．この海岸林の背後では 4 m 程度浸水し，海岸林周辺では多くの家屋が流失する甚大な被害となったが，当初の海岸林の被害は防潮堤の構成材料などが飛び込んだ前縁部に限定的に見られただけであった．この海岸林が生存した理由として胸高直径が 20cm を超える個体が中心だったことに加えて津波浸水深と枝下高との関係が考えられた．すなわち，林内での浸水深は 4m 近くあったと推定されたが，枝下高が平均で 9m 程度と高かったために（図 7.18），津波は幹の間を抜け，樹冠（枝葉層）には津波は当たらなかったと考えられた．このことで，樹体が受けた波力が弱く被害を免れたと考えられた．

　なお，津波直後は大きな被害が見られなかったこの海岸林であるが，その後，局所的に葉を褐変させ衰弱するものが見られるようになった．そのような個体は，根元付近が洗掘されていた場や，相対的な低みで滞水時間が長かった可能性がある場所にあった．洗掘の原因としては，砂丘が内陸側に向かって傾斜している箇

図 7.17　生存した海岸林の例（宮城県石巻市長浜）
海岸林の背後を含めて周辺は冠水し，海岸林の東側（写真右）では流失した家屋も少なくないが，海岸林の被害は限定的であった．　（朝日航洋株式会社 提供）

図 7.18 津波が幹の間を通過した海岸林内（宮城県石巻市長浜）
浸水深は 4m 近くあったと考えられるが，枝下高が高いために津波は幹の間を抜け，樹冠（枝葉層）には津波は当たっていないと考えられた．

所で流速が上がり洗掘力が強くなったことが考えられた．

4. 津波に対する海岸林の機能

（1） 波力の減殺

　海岸林による波力減災機能は，流水に対して海岸林が抵抗体として働き，津波の流速や波力を弱める働きである．津波による家屋被害が軽減されることや津波到達時刻を遅らせ避難のための時間が得られることが期待できる．避難時には間一髪で助かったり命を落としたりしているので，ぎりぎりの場面では数秒の差でも重みがある．

　これらは，数値シミュレーションでは明瞭な機能であるが，現地で明瞭に確認することは難しい．インド洋大津波の際にも，海岸林による波力減殺の事例が報告されたが，示されたデータが不十分であるという反論も出された．反論に対する回答も寄せられているが，必ずしも十分な回答とはなっていない（坂本・野口，2009）．

　今回の津波でも，必ずしも明瞭な事例は得られていないが，福島県〜岩手県に

第 7 章　津波による海岸林の被害と復興　（ 131 ）

図 7.19　海岸林の傾きが林内で止まった例（青森県三沢市）
海岸林は内陸に向かった傾いたが，それも海岸林の途中までで，その境は明瞭であった．

比べて津波の規模が小さかった青森県では，津波による樹木の傾きが海岸林の途中で止まったことが明瞭に確認できた箇所があり（図 7.19），津波が海岸林を通過する中で波力が減殺されたとことを示していると考えられた（佐藤ほか, 2011）．

なお，数値シミュレーションでは明らかと述べたが，定量的な精度は必ずしも高いわけではない．それは，樹木の抵抗体としての特性値に関する知見が十分ではないこと，海岸林をモデル化する際の特性値の解像度の扱い，津波に対する幹の耐性，津波に対する根の耐性など，十分に明らかにされていないからである．

（2）　漂 流 物 の 捕 捉

この機能は，津波による漂流物の移動を止める機能である．船舶や瓦礫などの漂流物が家屋などの保全対象に衝突することを防ぐ機能と，家屋などが漂流物となって津波被害を助長することを防ぐ機能，家屋などが引き波で海域に流出することを防ぐ機能である．樹木の間を漂流物が通過することもあるため不確定はあるが，林帯が倒伏したり流失したりしない限り期待できる機能である．

林帯幅が広い海岸林ほど漂流物が通り抜けにくくなるので有利であるが，単木であっても機能することがあり（Sakamoto et al., 2008），樹木があるとないとでは大きな違いがある．波力減殺機能と違って，多くの場合，漂流物が現地に残るので実証しやすい．

今回の調査では，船舶が海岸林で止められていた事例（図 7.20）や，防潮堤を構成していたコンクリート塊などが海岸林をなぎ倒しながらも林内に残った事例

図 7.20 海岸林に流入し捕捉された漂流物（青森県八戸市）
漁船だけでなく鋼管などいろいろなものが漂流したが海岸林に捕捉され，背後の住宅地に突っ込むことを防いだ．（八戸市森林組合 提供）

図 7.21 生存した海岸林で捕捉された流木（宮城県岩沼市）
低地部分の海岸林が根返りを起こして流木化したが，根返りを起こさず生存した箇所（写真奥）で捕捉され，林帯の内陸側に漂流しなかった箇所．

が見られた（図 7.3, 図 7.4, 図 7.14）．また，流木化した樹林が，生存木に捕捉されている事例もあった（図 7.21）．

（3） 土 地 利 用 の 規 制

海岸域の一定の範囲を海岸林にすることで，土地利用を規制し，保全対象を危険から遠ざける機能である．他の機能に比べると直接的な機能ではないかもしれないが，防災効果は高く確実で，積極的に評価できると考える．

例えば，上述したように，今回，津波によって運ばれた防潮堤のコンクリート塊が海岸林内に散乱したが（図 7.14），そこに津波に耐えて建物が建っていたら，

これらのコンクリート塊はそれらの建物を直撃したことになる.

また,石巻市長浜(図 7.17)では,海岸林があったことで宅地開発が抑えられ,海岸林がなければ津波被害に遭ったであろう家屋の建築を未然に防いだことに加えて,それら流失家屋が瓦礫となって内陸側に漂流し,内陸側の被害を助長することを未然に防いだと評価できた(岡田ら,2011).

以上のように,土地利用の規制の面からも海岸林を評価したい.

(4) 津波から逃れる手段

津波に対する海岸林の機能には,よじ登り,すがりつき,ソフトランディングといった津波から逃れるためのものがある.すなわち,浸水深より高い樹木に登って津波をやり過ごしたり,津波に襲われた人が流されないように樹木にすがりついたり,津波に流された人がひっかかったりすることができるという機能である.機能というにはいささか原始的ではあるが,2004年のインド洋大津波の際には,樹木があったことによって多くの命が救われたことは事実である(坂本・野口,2009).

今回の津波は,インド洋大津波の場合と比べると,圧倒的に気温・水温が低く,また多くの地点で津波の規模が大きかったために樹木が耐えられず,この機能は限定的であったと考えられる.

5. 津波に対する防災施設としての海岸林の特徴

平成 20 年 2 月に出された中央防災会議(2008)の防災基本計画には,津波対策の中に海岸林は入っていない.これは,山地災害の発生防止や雪崩による災害の防止のために森林造成を図ることが記されていることとは対照的である.高度な土地利用が進んでいるわが国の場合,津波の浸入を前提とした対策は受け入れられにくく,津波に対する防災施設として海岸林をこれまで積極的に位置付けられなかったかもしれない.しかしながら,今回の規模の津波に対応する防潮堤を造成することは費用の面から,また景観等に与える影響の面から現実的ではない.また,防潮堤だけに頼よることの危険性が広く認識されたので,今後は,土地利用のあり方も含めた総合的な対策を検討することになるだろう.その中で,海岸林は,津波被害軽減機能も担う多面的な空間として,その特徴を認めながら積極

的に位置づけられるものと考えられる．本節では，海岸林の防災施設としての特徴を述べる．

(1) 津波の想定規模

今回の津波は，多くの場所で防潮堤を越えただけではなく，津波を防ぐはずの防潮堤を損壊した．防潮堤の側からすれば，津波の規模が想定を超えたのである．海岸林の被害も甚大であったが，海岸林にとっては，想定規模を超えた津波というのは適当な表現ではない．海岸林は，そのほとんどが飛砂防備を目的として造成されたこともあるが，津波被害軽減を目的とした場合であっても，元々，津波の規模を想定していないからである．というより，想定する津波の規模に応じて林相を変えることは現実的な話ではない．海岸林は植物である樹木から構成されているので，防潮堤に比べると，人間の都合に合わせて自在に形作ることができるわけではないからである．

海岸林は，防潮堤に比べるとはるかに自由度が低い．例えば，5mの高さの津波を想定した防潮堤では，想定する津波の高さが8mになった場合，嵩上げなどで対応することも考えられるが，海岸林の場合，林相を変えることは現実的ではない．新たに植える場合であっても，想定される津波の規模に応じて植え方を変えることも現実的な話ではない．

海岸林を構成しているのは樹木のため，海岸林を造成する場所が決まれば，その場の環境条件によって，海岸林の姿はある程度限定される．これは，対象地の環境条件によって生育できる樹種が制限されること，また，樹高，立木本数密度，胸高直径，枝下高は，相互に関係するからである．例えば，立木本数密度を増やそうとすると，胸高直径を一定以上にすることはできず，大径木の海岸林を目指すのであれば，立木本数は樹高成長に合わせて減らさなければならない．

(2) 不完全さ

海岸林は想定する津波の規模に応じて造成するものというより，津波の規模に応じた働きで被害を軽減するものと位置づけられる．このことは防潮堤の働きと比べると分かりやすい．すなわち，防潮堤は津波が防潮堤を越えるまでは海水の侵入を完全に抑えるが，防潮堤を越えるとその働きは激減する．これに対して海岸林の場合，津波が林帯に達すれば，津波の規模が小さくても津波は林帯を通過

し，防潮堤のように背後地の浸水を防ぐ機能はない．規模の小さい津波であっても津波は海岸林を通過するので海岸林による最大浸水深の減少は，ほとんど期待できず，数値シミュレーションもそのことを再現している．

　しかしながら，海岸林は流れ込む水に対する抵抗として働き，その波力を減らし，到達時刻を遅らせる．これは，波力が樹木の耐性を上回って，海岸林が倒されるまでの間，期待できる．海岸林が倒れた後も，程度は低下するが，それでもなお流水に対して抵抗として働きつづける．津波の規模が大きくなれば，相対的にその働きは目立たないものとなるが，流木化しない限り機能は果たしていると評価したい．海岸林の津波被害軽減機能は，土木工作物である防潮堤とは異なる尺度での評価が必要である．

（3）不確かさ

　漂流物阻止機能やよじ登り・すがりつき・ソフトランディングの機能については，少なくない実例があるが，実際の津波のときにどこまで期待できるかとなると，不確定な部分が多い．漂流物捕捉機能については，どのような漂流物が流れてくるかによって，仮に津波の規模が同じであっても，漂流物が幹の間をすり抜けたり，あるいは漂流物の衝撃で樹木が折れたり倒されたりするからである．よじ登り・すがりつき・ソフトランディングは，個人の資質に負う部分が多く，また運次第の部分も大きい．

（4）時　間

　海岸林は，すぐに出来上がるわけではない．防潮堤の造成に比べて長い時間を必要とする．ある程度の機能が期待できる大きさに育つまでには，少なくとも20年程度は必要になる．

　逆に，経年劣化する防潮堤と比べると，防災施設として長い寿命を期待できる．ただし，特にマツ林の場合はマツ材線虫病（松くい虫）対策は，前提条件となる．

（5）通常時の評価

　海岸林の津波被害軽減機能には，防潮堤に比べて不完全で不確かな部分があり，造成にも時間がかかる．しかしながら，日常の多面的な有用性の点で優れている．例えば，飛砂害軽減機能や防風機能，潮害軽減機能，散策の場の提供，白砂青松に代表される景観の提供である．津波に対する防災施設として機能するまでの間

も，有用な空間として機能することを積極的に評価してよいだろう．

6. 復興に向けて

再生・復興させる海岸林の姿は，総合的な復興計画における土地利用計画の影響を受けて変わるので，現時点で特定することはできない．本節ではいくつかの段階に分けて，再生・復興する海岸林の姿を描くこととする．

(1) 津波前の海岸林の復元

まずは，原状の海岸林の復元である．地域の復興にあたっては，飛砂防備・防風のための海岸林を復元する必要がある．これは，津波に対する海岸林の機能評価とは無関係に必要である．その上で，津波に対する機能を高めるためには，林内に入り込んでいた住居空間を海岸林に戻すことが考えられる．原状の海岸林の復元は，海岸林の日常的な飛砂防備機能，防風機能の回復を中心に据えた従来通りの海岸林の姿である．なお，この場合，地下水位が高いために根系の発達が不十分で根返りを起こしたと考えられる箇所については盛土をするなど根張り空間を確保する必要がある．

(2) 機能の向上

健全に生育している海岸林において，津波被害軽減機能，特に波力減殺機能を高めようとすれば林帯幅を広げる必要がある．林帯幅を広げるほど，より大きな規模の津波に対して波力減殺機能を期待できる．

林帯幅を広げることは，また，流木が発生した場合に，流木を林内で止めるための空間を確保することにつながる．防災施設としては，流木化しにくい林帯とすることを目指すが，流木化した場合に林内で止められることも重要である．林帯幅を広げることが難しい場合には，海岸林から流出した樹木を止めるために，内陸側に新たな樹林帯を設置する方法も検討したい．

防潮堤よりもむしろ海岸林（ここでは樹木集団というより，海岸林という空間）に津波被害軽減を求めるのであれば，林帯幅を広げることに加えて，盛り土をして地盤高を高くした上で林帯を造成することが考えられる．そうすれば，波打ち際から海岸林までの間を自然海岸に近づけることや，内陸側の地下水位が高い箇所の一部を湿地として残すことも可能となる．

津波で多くの船舶が陸上に侵入したわりに，海岸林に捕捉された例が少ないのは，船舶が係留等されていた箇所では居住空間との間の土地利用が進み，海岸林が無いことが多かったためと考えられる．今後の復興にあたっては，そのような場所にも海岸林を適正に配置できればと考える．今後の復興にあたっては，周辺地域の土地利用との調整が必要になるが，海岸林のための新たな空間を確保できればと考える．

(3) 健全な海岸林

以上のように，再生・復興する海岸林の姿を述べたが，健全な林帯であることが前提となる．わが国の多くの海岸林はクロマツ，あるいはアカマツから構成され，共通するのはマツ材線虫病（松くい虫）被害に加えて過密化の問題である．一般に，クロマツ海岸林は，植栽時に 10,000 本/ha の密植を行う関係で，植栽木の成長に応じた適切な本数管理が必要であるが，多くの海岸林で本数調整が遅れ過密化している．その結果，樹高のわりに直径が細く枝下高が高くなった林相を呈している（図 7.22）．ある程度以上の大きさ（胸高直径 10cm 程度か）になれば，小径木ほど津波に対する耐性は低くなるうえ，何より森林として不健全である．マツ材線虫病（松くい虫）によって，衰退した林帯も少なくない（図 7.23）．

海岸林の飛砂防備機能は，砂地が樹木で覆われていれば発揮される．また，防風機能は，海側林縁の枝が枯れ上がっておらず，風下側林縁で必要樹高が確保されていれば問題ない．したがって，森林を健全に維持することが第一で，機能向上を求めてとくに林分構造を変化させることはない．

津波被害軽減機能，特に波力減殺機能に関しては，少し異なると考えられるが，波力減殺機能と海岸林の林相との

図 7.22 本数調整が遅れた海岸林
樹高のわりには幹が細く，枝が枯れ上がっている．

図 7.23 マツ材線虫病（松くい虫）被害にあった海岸林
マツ材線虫病（松くい虫）は適切な対策を怠ると海岸林が消滅するほどの被害となる.

関係についての知見は，それに基づいて林相を変えるほどの実用レベルには達していない．そのため，基本的には健全な海岸林を仕立てること，今ある海岸林を健全に維持することを優先させるのが現実的な対応であることは変わらない．

その上で，防風機能や飛砂防備機能では機能上特に問題とならない，林内木の枝の枯れ上がりが波力減殺の面では不利になると考えられるので，枝下高が高くなった林内の下層空間を埋めることで機能は向上すると考えられる．具体的には，クロマツ樹下に常緑広葉樹を導入することが考えられる．

また，海岸林を造成するにあたって前砂丘を造成することが多いが，この前砂丘は，津波に対して防潮堤のように機能することが期待できる．前砂丘の天端は，風や飛砂が集中しないように切れ目や凹部を作らないように管理するが，このことは津波に対しても有効に働く．現実的には道路などがあり，切れ目をなくすことはできないので，それに対処する方策を用意しておく必要がある．

7. おわりに

今回の津波で甚大な被害に見舞われた海岸林の再生・復興を，これまで海岸林が抱えていた課題を解消する機会にしたい．すなわち，適切な本数調整を行うこ

図 7.24 クロマツの実生
海岸林の津波被害地では実生の生存も確認されており，海岸林の再生・復興に活かすことができればと思う．

とで健全な林相を作り上げること，マツ材線虫病対策を予め盛り込むことなどを期待したい．なお，被害面積が膨大なので，苗木が不足することが懸念されている．その点では被害地に見られる実生（図 7.24）を活かすこと，植栽本数を見直すことも検討したい．そういったきめ細かい作業，手入れのためには作業道の整備は不可欠で，被害木の処理の段階から再生・復興する海岸林の姿をイメージして進めることができればと考える．

文　献

中央防災会議 2008．防災基本計画，399pp．http：//www. bousai. go. jp / keika ku / 090218_basic_plan.pdf（2011 年 11 月 28 日確認）

東日本大震災に係る海岸防災林の再生に関する検討会 2011．今後における海岸防災林の再生について　中間報告．68pp

岡田穣・野口宏典・岡野通明・坂本知己 2011．平成 23 年東北地方太平洋沖地震津波における海岸林と家屋破損程度との関わり－石巻市長浜の事例－．平成 23 年度日本海岸林学会石巻大会講演要旨集，1－2

Sakamoto, T., Inoue, S., Okada, M., Yanagihara, A., Harada, K., Hayashida, M. and Nakashima, Y. 2008. The collision mitigation function of coconut palm trees against marine debris transported by tsunami-A case study of Tangalla on the southern Sri Lanka coast -. Journal of the Japanese Society of Coastal Forest, 7(2), 1－6

坂本知己・野口宏典 2009．津波防災に海岸林を活用するために．第 21 回海洋工学シンポジウム　OES21-137（CD-ROM）

佐藤創・鳥田宏行・真坂一彦・阿部友幸・野口宏典・木村公樹・坂本知己 2011．東北太平洋沖地震津波によるクロマツ海岸林の被害－三沢市織笠の事例－．平成 23 年度日本海岸林学会石巻大会講演要旨集，7－8

第8章
放射能汚染土壌の環境修復を目指して

中尾　淳
京都府立大学

1. はじめに

　2011年3月11日に起きた東北地方太平洋沖地震（マグニチュード9.0）で発生した津波の影響により，東京電力福島第一原子力発電所（以下，福島原発）において原子炉の冷却機能が失われた結果，環境中に大量の放射性核種が放出する事態となった．大気中に放出された主な放射性核種は，核燃料からの収率が大きく高温で飛散しやすい放射性セシウムや放射性ヨウ素などであった．その中でも^{137}Csは半減期が30.1年ととりわけ長いため，放出された他の放射性核種と比べると長期的に影響が残る．今回の事故によって，大気中に放出された^{137}Csの放出総量はおよそ1.3 PBq[1]（ペタ＝10^{15}）であること（Chino et al., 2011）や，チェルノブイリ事故後の強制移住対象レベル以上の汚染面積が，福島原発から北西方向を中心として約800 km^2（琵琶湖の約1.2倍）であることなど，汚染状況に関する様々な推定的試算値が公表されている．農林水産学術会議から公表された農地土壌の放射性物質濃度分布図によると，表層から15 cm（水田）または30 cm（畑地）の深さまでの土壌を均一に混ぜた時の放射性セシウム（^{134}Csと^{137}Csの合計）の濃度が5000 Bq kg^{-1}を超えるような汚染農地は，避難区域などに設定された地域，すなわち，福島原発を中心とした半径30 kmの地域および飯舘村，

---

[1] Bq（ベクレル）とは放射線を放出する能力（放射能）の大きさを表す単位である．1Bqは放射性核種が1秒間に1つ崩壊（壊変）して放射線を放つことを意味する．

川俣町，浪江町の一部以外の地域ではほとんど確認されていない．一方，汚染濃度が 1000〜5000 Bq kg^{-1} の汚染農地は福島県中通り（奥羽山脈と阿武隈山地に挟まれた中間の地域）一帯や，福島県西部の一部，栃木県北部一帯と広域的に分布することが確認されている．このように，汚染の分布状況を把握するための情報は段階的に整備されつつある．

　汚染の分布状況に加え，農地土壌の除染技術に関する様々な実証試験の成果が，農林水産学術会議より報告された．放射性セシウムの除染効果が大きかった順に並べると，1）表土除去（75-97％減），2）懸濁粒子の除去（30-70％減），3）反転耕（表面線量率がおよそ半分），4）ファイトレメディエーション（0.05％），となった．すなわち，放射性セシウムを汚染土壌（または懸濁粒子）ごと物理的に除去する方法が高い除染効果を示した一方で，植物吸収によって取り除く方法がほとんど効果を示さないことが確認された．農林水産学術会議からは，以上の結果を踏まえて，放射性セシウムによる汚染濃度に応じた農地土壌除染技術の適用に関する指針が示された．まず，汚染濃度が土壌 1kg（乾土）あたり 10000 Bq kg^{-1} を超える場合は，基本的に表土の削り取りを行うことを推奨している．そして，汚染濃度が 5000〜10000 Bq kg^{-1} の場合，畑地では表土の削り取りまたは反転耕を行う方法を，水田ではそれに加えて水による土壌撹拌の後に懸濁粒子ごと除去する方法を推奨している．5000 Bq kg^{-1} 以上の汚染濃度の農地では，平成 23 年度におけるイネの作付制限が指示されており，本稿執筆時点では平成 24 年度以降の制限解除の見通しは立っていない．こうした高濃度汚染地域において農業活動が再開されるためには，上記に示された指針に基づいた物理的除染の速やかな実施が望まれるが，排土の貯蔵場所の確保など，取り組むべき課題は多い．なお，5000 Bq kg^{-1} 以上の汚染濃度の農地を作付制限の対象とした理由は，玄米中の放射性セシウムの濃度が，国が定めた暫定基準値である 500 Bq kg^{-1} を超えないようにするためである．この土壌と玄米の汚染濃度の関係は，土壌から玄米への放射性セシウムの移行係数＝（可食部における放射性セシウムの濃度）/（土壌中の放射性セシウムの濃度）について調べた過去の研究を参考に，安全を配慮して試算されたとされている．

　農地土壌の汚染濃度が 5000 Bq kg^{-1} 以下であると推定された地域では，表土の

物理的除去を行わず,反転耕または作物への移行低減化技術を適用することが推奨されている.これは,1000～5000 Bq kg^{-1} の汚染濃度の農地は広大な面積に及ぶため,表土除去の実施が困難であることや,移行係数から推定される玄米の汚染濃度が暫定基準値を超える可能性が小さいことから下された判断であろうと推察される.実際,福島県が県内の平成23年度産玄米について放射性セシウム濃度を調べた結果,ほぼ全ての玄米で暫定基準値以下の濃度が示されていることから,この判断は概ね適切であったといってよいだろう.ただし,特定避難勧奨地点[2]の近くにある水田の一部において,土壌の放射性セシウム濃度が 5000Bq kg^{-1} 以下であるにもかかわらず,収穫された玄米に含まれる放射性セシウムの濃度が暫定基準値を超えていたことが明らかになった.この事例から考えられることは,土壌の放射性セシウム濃度と玄米の放射性セシウムの濃度は単純な比例関係にはなく,土壌の汚染濃度以外の要因によって,玄米中の放射性セシウム濃度が決定されるということである.この要因の解明は今後の大きな課題である.また,食品中の放射性セシウムの濃度に関する暫定基準値をこれまでの 500 Bq kg^{-1} から,100 Bq kg^{-1} まで引き下げようとするうごきもあることから,今後,1000～5000 Bq kg^{-1} の汚染濃度の農地では,汚染を農地に留めつつ,農産物への放射性セシウムの移行を最小限に抑える技術の適用が必要となる.

　土壌から農産物への放射性セシウムの移行抑制技術を開発するためには,土壌中での放射性セシウムの挙動やその背景にある化学的なメカニズムについての理解が不可欠である.土壌中での放射性セシウムの挙動に関する研究は,大気圏核実験が盛んであった 1950～1960 年代には世界各地において,チェルノブイリ原発事故が起こった 1986 年以降の 10 年間では,主にヨーロッパで数多くなされてきた.こうした先行研究で得られた知見を整理することにより,福島原発事故由来の放射性セシウムの土壌中での挙動をある程度予測することができるだろう.一方,ヨーロッパと日本では,気候条件や土壌の性質,農業形態などに大きな差異がみられるため,過去の知見のみに基づいた現象の解釈は難しいだろうと思わ

---

[2]「計画的避難区域」や「警戒区域」の外で,計画的避難区域とするほどの地域的な広がりはないものの,事故発生後1年間の積算放射線量が20ミリシーベルトを超えると推定される地点.

れる．そこで本稿では，土壌中での放射性セシウムの挙動についての基礎的知見の紹介と，放射性セシウムの挙動に関わる日本の農耕地土壌の特徴に関する考察を主な目的とする．まず第2節において，放射性セシウムが土壌に固定されるメカニズムの基礎について概説し，固定作用が土壌によって異なる要因を土壌の成り立ちに着目して考察する．続いて第3節では，農地および森林における放射性セシウムの挙動に関するこれまでの知見を示すとともに，日本の土壌環境で起こりうる問題について考察する．なお，これ以降 ^{134}Cs および ^{137}Cs を区別せずに，「放射性セシウム」として記述する．ただし，第2節の（1），（2）では吸着反応におけるイオンとしての基本的性質に関する説明が主体となることから，「Cs^+」として記述する．

2. 土壌中の負電荷への放射性セシウムの吸着

（1）土壌中における負電荷の種類と性質

　放射性セシウムは，主に1価の陽イオン（Cs^+）としてふるまうため，土壌中に存在する負電荷に吸着される．その吸着の強さは負電荷の種類によって大きく異なるため，土壌中に存在する負電荷の量や構成が放射性セシウムの挙動に大きな影響を与える．

　土壌中の負電荷は，pHによって荷電量が変わる変異荷電と，pHによらず荷電量が一定の永久荷電に大別される．変異荷電の主な担い手は，腐植物質中に含まれるカルボキシル基や，水酸化鉄や層状ケイ酸塩鉱物の構造末端に位置する表面水酸基などである．特に腐植物質は，生物活動の盛んな土壌表層では蓄積する傾向にあり，変異荷電の担い手として大きな役割を果たしている．変異荷電に対する Cs^+ の選択性は小さく，他の陽イオンによって可逆的に交換される．

　永久荷電の担い手は，2：1型層状ケイ酸塩（粘土鉱物）である．2：1型層状ケイ酸塩とは，ケイ素原子を4つの酸素原子が囲んで形成される四面体が二次元に連なってできるケイ素四面体シートと，アルミニウム原子を6つの酸素原子が囲んで形成される八面体が二次元に連なってできるアルミニウム八面体シートが，2：1の関係で積層した鉱物の総称である．ケイ素四面体シートとアルミニウム八面体シートでは，ケイ素の一部またはアルミニウムの一部が価数の小さい金属イ

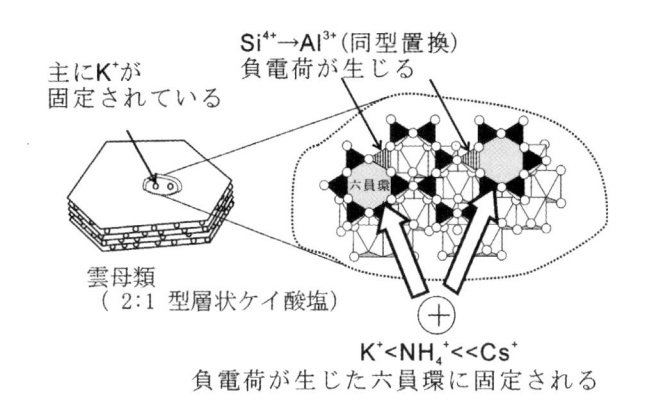

図8.1 雲母類の構造と同形置換サイトへの陽イオン吸着に関する模式図

オンと置換する（同型置換）ことにより，層と層の間に負電荷（層電荷）が生じている（図8.1）．四面体置換型の層電荷は，八面体置換型の層電荷と比べると，層間に位置する陽イオンとの距離が近いため，より強く陽イオンを引き付ける性質を持つ．また，2:1型層状ケイ酸塩のケイ素四面体シートには六員環とよばれる空洞部分がある．この空洞の半径はおよそ 1.2Åであり，水和していない状態の Cs^+ (1.69Å)，K^+ (1.33Å) や NH_4^+ (1.43Å) のイオン半径とほぼ等しい．そのため，ケイ素四面体シートが層電荷を持つ場合，水和しにくい Cs^+，K^+や NH_4^+は六員環に引き付けられ，形状的にフィットした状態で固定される．六員環と陽イオンとの結合力は水和エネルギーの小さい順，すなわち，$K^+ < NH_4^+ << Cs^+$ の順に大きくなるものの，通常はこれらの陽イオンの中で最も存在量が豊富な K^+ が六員環を占有し，層間距離が 1.0nm に閉じた層，すなわち非膨潤層を形成している．層電荷の大部分で K^+ が強く固定され非膨潤層が形成された 2:1 型層状ケイ酸塩が雲母類である．

　非膨潤層の大部分は，外部から土壌に加わった Cs^+ を固定できるサイトとして寄与しない．しかし，土壌溶液と接触している雲母類の外縁部分は，風化により層間距離が 1.4nm に開いた状態（膨潤層）となっている（図8.2）．膨潤層と非膨潤層との中間に位置するくさび形に開いた場所の層電荷部分をフレイド・エッジと呼ぶ．フレイド・エッジでは空間的な制約により水和陽イオンが排除される

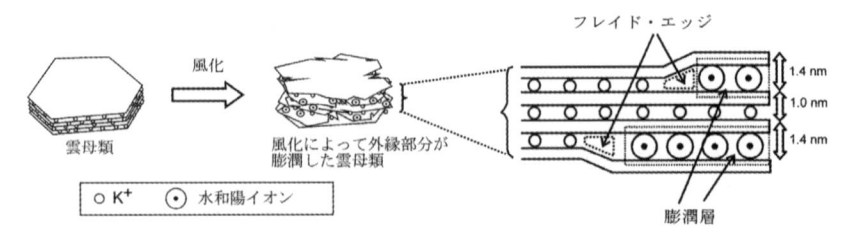

図8.2 雲母類の風化に伴うフレイド・エッジの形成に関する模式図

ため，最も水和エネルギーが低く，六員環に形状的にフィットする Cs^+ は，K^+ に対しておよそ1000倍，NH_4^+ に対しておよそ200倍の選択性でフレイド・エッジに固定される．雲母類のフレイド・エッジが，環境中で放射性セシウムの固定に大きく寄与していることは，過去の大気圏内核実験や原発事故によって放出された放射性物質の分布調査から明らかになっている（e.g. Francis and Brinkley, 1976）．なお，フレイド・エッジへの Cs^+ の吸着メカニズムについての詳細な知見は，Sawhney, (1972) および Delvaux et al. (2001) に記されている．

(2) フレイド・エッジ量の推定法

土壌中に存在するフレイド・エッジ量は，土壌中での Cs^+ の動きやすさを知る上で重要な情報である．しかし，フレイド・エッジでは水和陽イオンの吸着は起こらず，水和しにくい陽イオンの不可逆的な固定が起こるため，陽イオン交換容量（CEC）の担い手である他のイオン交換サイトのように，ある陽イオンで飽和させた後に別の陽イオンで置換することで容量を求めることが出来ない．また，容量がCECの数％以下と小さく，土壌分類名や一般理化学性から予測することは難しい．そこで，Cremers ら（1988）は，Radiocesium Interception Potential（RIP）という値で間接的に定量する方法を提案した．現在のところこの方法がフレイド・エッジの定量法として広く受け入れられている．RIPは，フレイド・エッジへの K^+ に対して Cs^+ がどの程度吸着されやすいかの目安となる選択係数（$K_c^{FES}{(Cs-K)}$）と，フレイド・エッジの容量（[FES]）の積として定義される．$K_c^{FES}{(Cs-K)}$ はおよそ1000であると推定されており，RIPを1000で割ることでフレイド・エッジ量を概算できる．$K_c^{FES}{(Cs-K)}$ および [FES] は，直接測定することが難しいため，特定の土壌-溶液系で実測された Cs の分配係数（[土壌に吸着した

Cs⁺濃度]/[溶液中の Cs⁺濃度]；K_D^{Cs}）と溶液中の K⁺濃度（mK）の積によって近似的に導かれる．その関係は次式のように表すことができる．

$$\mathrm{RIP} \equiv K_c^{FES}{}_{(Cs-K)} \cdot [FES] = K_D^{Cs} \cdot mK \quad (\mathrm{mol\ kg^{-1}}) \quad (1)$$

　上記の式の関係が成り立つための条件について説明する．まず，土壌中のイオン交換可能な負電荷にチオ尿素銀イオンを吸着させる．チオ尿素銀イオンが吸着した負電荷では，Cs⁺と K⁺の吸着が起こりにくくなる．その結果，土壌中でのCs⁺と K⁺の吸着反応は実質的にフレイド・エッジのみで起こっていると見なせるようになる．つまり，Cs⁺と K⁺は固相中でフレイド・エッジのみに分配されると仮定することで，次の関係が成り立つようになる．

$$K_c^{FES}{}_{(Cs-K)} = ([C_{SFES}] \cdot mK)/([K_{FES}] \cdot mCs) \quad (2)$$

　[C_{SFES}]，[K_{FES}]はそれぞれ土壌中でフレイド・エッジに吸着した Cs と K の濃度を表し，mCs, mK はそれぞれ溶液中に存在する Cs⁺と K⁺の濃度を表す．つづいて，土壌-溶液系に加える Cs⁺濃度が K⁺と比べて無視できるほど小さくなるように，Cs⁺：K⁺濃度比を調整する．実験には放射性セシウムを用いる．放射性セシウムから放出されるγ線を計数することで，極めてわずかな量の Cs⁺でも感度良く測定することができる．その結果，式 2 において[K_{FES}]は[FES]と同一であるとみなされ，次の近似が成立する．

$$K_c^{FES}{}_{(Cs-K)}(Cs \to 0) = K_D^{Cs} \cdot mK/[FES] \quad (3)$$

　K_D^{Cs}は式2の[C_{SFES}]/mCsと等しい．最終的に，式3の右辺の分母にある[FES]を移項すると式1が得られる．その後，Wautersら（1996）によってチオ尿素銀イオンの代わりに 0.1 mol L⁻¹の Ca^{2+}を用いる簡易法が開発され，現在ではその方法が主に利用されている．

（3）　土壌の種類とフレイド・エッジ量の関係

　RIP は，放射性セシウムの作物による吸収されやすさの目安である移行係数（TF）と高い負の相関を示す（図 8.3）（Wauters et al., 2000）．そのため，放射性セシウムによって汚染された農耕地から作物への放射性セシウムの移行量を

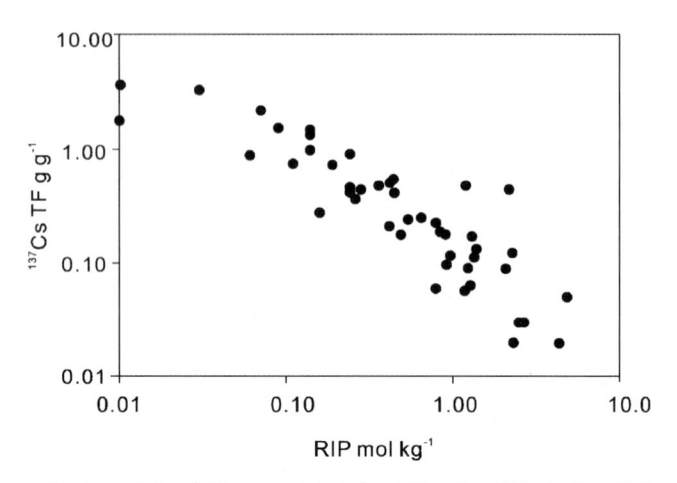

図 8.3 RIP と放射性セシウムの土壌−作物間移行係数（TF）の関係
(Delvaux et al. (2000) からの引用)

推定するための有効な指標となる．

　Nakao et al., (2008) は，RIPの値が粘土鉱物の種類を反映しているのかを検証するために，様々な粘土鉱物についてRIPの測定を行った．土壌中に存在する代表的な粘土鉱物であるカオリナイト[3]，モンモリロナイト[4]のRIPは，それぞれ 0.006 mol kg^{-1}，0.1 mol kg^{-1}である（図 8.4）．また，有機物含量が 90 % を超える土壌では，RIPは 0.02 mol kg^{-1}以下の値を示す．これらの値はイライトのRIP（11.8 mol kg^{-1}）と比べると無視できるほど小さい．層電荷をもたずCECが極めて小さいカオリナイトだけでなく，CECそのものはイライトよりも大きいモンモリロナイトや土壌有機物も，放射性セシウムを固定する容量は乏しいことがよくわかる．雲母が風化変性してできるバーミキュライトのRIPは，25.9 mol kg^{-1} とイライトよりもかなり大きい（図 8.4）．また，粗粒なイライトからKを抽出すると，RIPの値は徐々に増加する（図 8.5）．これは，イライトの層電荷に固定さ

---

[3] 幅広い土壌に存在する 1 : 1 型層状ケイ酸塩の 1 種．2 : 1 型層状ケイ酸塩とは異なり，層電荷を持たない．

[4] 2 : 1 型層状ケイ酸塩の 1 種．層電荷の大部分が八面体置換型であり，かつ荷電密度が小さいため，通常フレイド・エッジのような Cs$^+$ を固定するサイトをもたない．

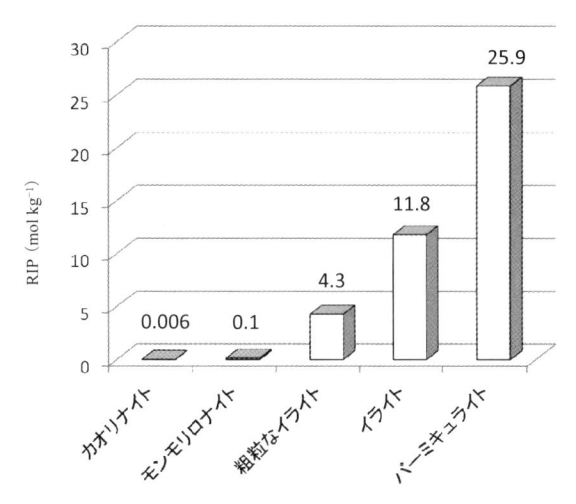

図 8.4 粘土鉱物の RIP（バー上部の数値はそれぞれの測定値を表す）
(Nakao et al., (2008)のデータを利用して作成)

れていたKが放出されて部分的にバーミキュライトに変性する過程で，新しいフレイド・エッジ・サイトが形成されるためだろうと考えられる．このように，土壌を構成する粘土鉱物や有機物のRIPの値を比較することにより，イライトやバーミキュライトを多く含む土壌ほど，放射性セシウムを固定する容量が大きいことが確かめられた（Nakao et al., 2008）．

一方，日本に広く分布する黒ボク土に多く含まれる，アロフェンやイモゴライトなどの変異荷電を主体とする準晶質鉱物は，小さな RIP を示すことなどが予想されるが，これらの鉱物に関する実証データは不足している．

土壌の種類とフレイド・エッジ量との関係について知ることは，対策を立てる上で有効である．そこで，世界土壌資源照合基準（WRB）の照合土壌群ごとにRIP を比較した研究（Vandebroek et al., 2012）を参考にすると，アンドソル（日本の黒ボク土とほぼ対応する）やフェラルソル（熱帯に分布する強風化土壌）ではRIP の平均値が 1 mol kg^{-1} 以下と比較的小さい．これは，アンドソルではアロフェンやイモゴライトなどの準晶質鉱物，フェラルソルではカオリナイトといった，放射性セシウムを固定する容量が小さい鉱物が土壌粘土中で卓越するためで

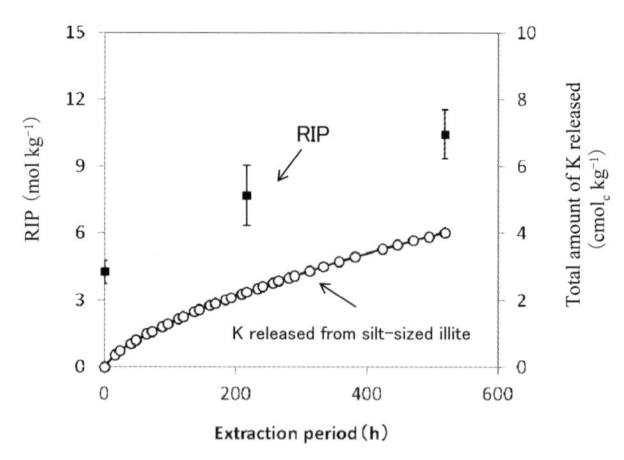

図8.5 粗粒なイライトにおけるK抽出後のRIP増加
（エラーバーはn = 3の標準偏差を表す）

あろう．原因はそれぞれだが，イライトやバーミキュライトの含有量が少ない土壌群では，放射性セシウムを固定する容量は小さいといえる．

その他，極端に有機質または砂質な土壌を除けば，特にRIPが小さい土壌群というものはない．イライトやバーミキュライトは，たいていの土壌にはある程度含まれているためであろう．特に日本の場合，雲母類やバーミキュライトを主成分とする大陸起源の風成塵が，微量ずつだが地質時代を通じて国土の大部分に堆積し続けている．そのため，アロフェンやイモゴライトを主体とする黒ボク土であっても，風成塵由来のバーミキュライトなどの影響で放射性セシウムを固定する容量がそれほど小さくない可能性がある．

頁岩が風化してできた土壌でRIPが大きい傾向が示されており，基岩の種類も土壌が放射性セシウムを固定する容量に影響を及ぼしていることが考えられる．土壌が風化する過程でバーミキュライトの層間にアルミニウムポリマーが入り込むと，放射性セシウムの吸着が阻害されるようになり，RIPは減少する．この阻害効果は，日本では土壌pHが4.0～5.0の範囲の酸性森林土壌で顕著に示されるものの，より酸性に傾いた土壌ではアルミニウムポリマーが層間から失われ，RIPの値は大きく増加する．このように，土壌が放射性セシウムを固定する容量は鉱

物の種類だけでなく，風化程度によっても様々である．日本の土壌についてその容量と分布状況を明らかにしていくことは今後の対策を考える上で重要な課題である．

3. 農耕地および森林での放射性セシウムの挙動

（1） 農耕地での放射性セシウムの挙動

農耕地では，土壌表層に沈着した放射性物質は耕起により作土全体に混合され，希釈される．大気圏内核実験により，国内の農耕地に沈着した放射性物質の濃度が，作土中で半分になるまでの時間（滞留半減時間）を調べた研究では，放射性セシウムの滞留半減時間は水田作土で9～24年，畑作土で8～26年であることが示された（駒村ら，2006）．これらの滞留半減時間が放射壊変による半減期（約30年）よりも短期間であるのは，下層への溶脱や作土表層の侵食，あるいは作物による吸収によって作土から失われるためである．ただし，放射性セシウムは土壌に固定されるため，下方への溶脱速度は小さい．チェルノブイリ原発事故後のヨーロッパで行われた研究によると，ベラルーシの広域40地点の草地や森林では，放射性セシウムの土壌表層から下層への移動速度は1年間で0.39～1.16cm（Arapis et al. 1997）であり，スウェーデンのチェルノブイリ事故以降耕起が行われていない8地点の農地や牧草地では，事故直後の1年間で0.5～1.0cm，その後は1年間で0.2～0.6cm（Rosén et al., 1999）であることが分かっている．観測地点によって速度にばらつきがあり，泥炭土で比較的下方への溶脱速度が大きい傾向は見られるものの，作土よりも深い場所まで移動するには数十年単位の時間が必要であることがわかる．土壌中の粘土に固定された放射性セシウムは容易には脱離しないものの，水田においては放射性セシウムを固定した粘土粒子そのものが，懸濁態として流亡することが起こりうる．そのため，代掻き後の懸濁粒子の流亡によって，放射性セシウムが水田から下流域にどの程度流亡するのかについては，今後詳細に調査を行う必要があるだろう．

作土に残った放射性セシウムのうち，沈着直後には有機物などにゆるく吸着していたものも，時間の経過とともにフレイド・エッジに固定されるようになる．そのため，放射性セシウムが作物に吸収される割合や動きやすさは時間の経過と

ともに低下する．これをエージング効果とよぶ．層電荷に固定された放射性セシウムの一部は，K^+によって交換されるため，施肥によってK^+濃度が増加すると放射性セシウムが土壌溶液に溶出しやすくなる．一方で，土壌溶液中でのK^+濃度の増加は作物による放射性セシウムの吸収を抑える効果があるため，放射性セシウムの吸収量はむしろ減少する．ただし，土壌溶液中のK^+濃度の増加による放射性セシウム吸収量の低減効果が見込めるのは土壌溶液中K^+濃度 1mmol L^{-1} までであるとの報告もあり（Smolder et al., 1997），これ以上K^+濃度を増加させるとむしろK^+濃度の増加によって土壌から土壌溶液への放射性セシウム溶出をさせる影響の方が強くでる可能性もある．NH_4^+はK^+よりも層電荷から放射性セシウムを交換抽出する力が大きく，作物の根においてCsの吸収と競合しないため，土壌中でのNH_4^+濃度の増加は作物の放射性セシウム吸収量を増加させる．畑条件では，施肥により土壌中NH_4^+濃度が増大しても，大部分が微生物による硝化作用により比較的短期間で消失してしまう．しかし栽培期間中，土壌が還元状態にある水田では，NH_4^+が硝化されずに保存されやすい．畑条件で栽培したイネよりも水田条件で栽培したイネの方が放射性セシウム吸収量が多いのは，NH_4^+によって放射性セシウムが土壌溶液中に溶出されやすくなるためであることを指摘する研究もある（天正ら，1961）．ヨーロッパの草地を対象とした研究では，泥炭土で放射性セシウムが動きやすいことが指摘されている．これは，2：1型層状ケイ酸塩鉱物を含む粘土が乏しく，放射性セシウムをゆるく吸着する有機物が負電荷の主な担い手であるためである．

（2）農地土壌から作物への放射性セシウムの移行低減化

　土壌に降下した放射性セシウムの大部分は雲母類のフレイド・エッジに固定される．そして，一旦固定された放射性セシウムが作物に移行する割合は小さい．ただし，泥炭土や極端に砂が多い土壌では，雲母類の存在量すなわち放射性セシウムを固定できるサイトの数が非常に少ないため，作物への移行割合が大きくなる．このような土壌環境の場合，放射性セシウムの作物への移行を低減化するための対策を整備する必要がある．

　1つの可能性として，ゼオライトなどの鉱物資材の投入が挙げられる．ゼオライトは負に帯電した3次元の網目構造を持っており，中でもクリノプチロライト

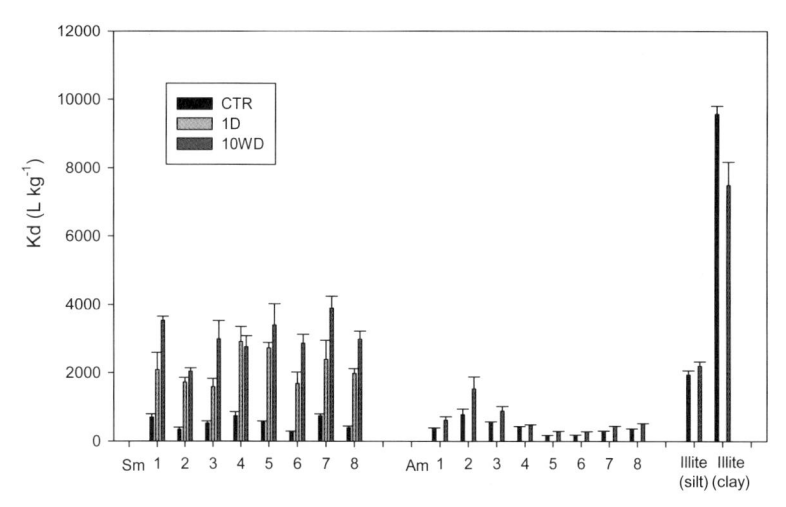

図 8.6 スメクタイト質土壌（Sm）およびアロフェン質土壌（Am）における K 飽和・乾湿処理後のセシウム保持能の増加
CTR ＝ 無処理　1D ＝ 50℃乾燥 1 回　10WD ＝ 50℃乾燥－再湿潤を 10 回繰り返す
(Nakao et al. (2011) からの引用)

と呼ばれる種類は，網目のサイズが Cs^+ を保持するのに適しているため，Cs^+ に対して高い吸着選択性を持つことが知られている．チェルノブイリ原発事故の影響を強く受けた周辺諸国では，農耕地へのクリノプチロライトの施用による ^{137}Cs の移行低減化に関する多くの研究がなされた（Rosén, 1991；Fawaris and Johanson, 1995；Jones et al., 1999；Paasikallio, 1999）．

その結果，泥炭土や森林腐植層などの有機物含量が極端に多く粘土鉱物が乏しい土壌では，放射性セシウムの植物への移行が顕著に抑制されることが示されている．ただし，鉱質土壌にクリノプチロライトを投入しても，移行抑制効果はほとんどなく，むしろ放射性セシウムの移動性が大きくなるという報告もある（Seaman et al., 2001）．

この主な原因として，鉱質土壌中にはもともと ^{137}Cs を強く引きつける粘土鉱物が存在していることが挙げられる．また，移行抑制効果を得るためには，クリノプチロライトの大量散布が必要となるため，鉱物資材の施用は，費用対効果について十分に検討した上で実施することが望ましい．

他の可能性として，スメクタイトなどの膨潤性 2：1 型粘土鉱物を含む土壌への，K 飽和と乾湿処理が挙げられる．スメクタイトのセシウム保持能は，K による飽和と乾湿の繰り返しにより大きく向上することが報告されている（Maes et al., 1985；Degrys et al., 2004）．さらに，K 飽和したベントナイト（鉱床スメクタイト）を土壌に添加した栽培試験で放射性セシウムの土壌から植物への移行割合が大きく低下したことも報告されている（Vandenhove et al., 2003）．そこで，Nakao et al.,（2011）は，スメクタイトを多く含む土壌とアロフェンを多く含む土壌それぞれに K 飽和と乾湿処理（50℃）を施した後にセシウム保持能について調べたところ，前者の土壌群で大きく向上することを示した（図 8.6）．ただし，本手法の効果についての知見は限られており，適用できる土壌の範囲については明らかではない．また，圃場において効率よく土壌に乾湿を施しセシウム保持能を向上させるためには，様々な実証試験が必要である．

（3）森林での放射性セシウムの挙動

表面積の大きい樹幹が土壌を覆う森林では，畑地や水田といった土地利用に比べ，降下した放射性セシウムのうち一旦地上部植生（樹木）に付着する割合が多い．樹木に付着した放射性セシウムは雨によって洗い流されるか，落葉・落枝とともに地表に到達する．森林では，農耕地のように耕起による表層の攪乱がないことにくわえ，下方への浸透がおこりにくいため，大気から沈着した物質は，長期的に有機物に富む表層にとどまる傾向にある（Antonopoulos-Domis et al., 1996）．さらに，農耕地のように施肥をしないため，常になんらかの養分が不足した状態にある．したがって森林生態系では効率よく養分を利用するために，有機物に富む表層から養分を吸収した後，落葉・落枝として再び土壌表層に戻った養分を，有機物の微生物分解を経て再び根から吸収する，といったように養分を再循環させている．粘土鉱物に富む農耕地土壌では動きにくい放射性セシウムも，森林生態系では，粘土鉱物と接触する機会が制限されることから，土壌から土壌水へ比較的溶出されやすい形態にあるといえる．そのため，森林土壌の表層付近に菌糸を伸ばすキノコなどは，比較的高い濃度の放射性セシウムを含む傾向がある．さらに，森林に生息し，キノコを摂食する動物（シカ，イノシシなど）の肉から高い放射性濃度が検出されることも報告されている．そのため，汚染濃度の

高い地域では，キノコそのものの利用だけでなく，野生動物の肉の利用についても注意が必要である．

　ヨーロッパの森林を対象とした研究では，森林系外への放射性セシウムの流出は著しく少なく，長期にわたり森林生態系に滞留することが指摘されている．しかし，日本国内での集水域調査では，降雨強度が1時間あたり30mmを超えると，放射性セシウムの河川への流入量が著しく増加することが示されている（Fukuyama et al., 2005）．日本の森林の地形は急峻であり，降水量もヨーロッパと比べると多いため，豪雨などによる森林系外への放射性セシウムの流出および下流域への汚染拡散が起こりやすい可能性が高い．森林から下流域への放射性セシウムの流出と，それに伴うかんがい水の汚染がイネの放射性セシウム吸収量に及ぼす影響については，今後特に注視していかなければならない．

4. まとめ－放射能汚染土壌の環境修復を目指して

　農学関係者が貢献しうる放射能汚染土壌の環境修復のひとつが，計画的避難区域の外に位置する中程度の汚染レベルの農地における，放射性セシウムの作物への移行低減化対策の整備であろう．その基礎となる知見として，本稿では土壌中での放射性セシウムの挙動に関して，既存の研究成果の概要を紹介するとともに，今後の検討課題について考察した．放射性セシウムは土壌中でフレイド・エッジに固定されるため，移動性が小さく，作物に移行する割合は小さい．これが，土壌中での放射性セシウムの挙動を理解する上での大前提であることは，論を待たない．ただし，土壌間でのフレイド・エッジ量の違いが，少ない移行量にも差異を生じさせ，結果的に作物中の放射性セシウム濃度が暫定基準値を超えるかどうかを左右する可能性もある．そのため，土壌ごとにフレイド・エッジの容量を調べることは重要である．一方で，森林域での土壌浸食に伴う放射性セシウムの水系への流出およびかんがい水による水田土壌の汚染や，河川を経由した海洋汚染など，これまでの知見だけでは対処できない問題が深刻化する可能性もある．このような問題に対して対策を整備し，放射性セシウムの挙動を制御するためには，農学の知を基盤としつつ他分野の技術および知見を積極的に導入していくことや，他分野の関係者との情報の共有が必要である．

引用文献

Antonopoulos-Domis, M., Clouvas, A., Xanthos, S. and D.A. Alifrangis 1997. Radiocesium contamintation in a submediterranean semi-natural ecosystem following the Chernobyl accident : Measurements and models. *Health Physics* 72 : 243-255.

Arapis, G., Petrayev, E., Shagalova, E., Zhukova, O., Sokolik, G. and T. Ivanova 1997. Effective migration velocity of ^{137}Cs and ^{90}Sr as a function of the type of soils in Belarus. *J. Environ. Radioact.* 34 : 171-185.

Chino, M., Nakayama, H., Nagai, H., Terada, H., Katata, G. and H. Yamazawa 2011. Preliminary estimation of release amount of ^{131}I and ^{137}Cs accidentally discharged from the Fukushima Daiichi Nuclear Plant into the atmosphere, *J. Nuclear Sci. Technol.* 48 : 1129-1134.

Cremers, A., A. Elsen, P. Depreter and A. Maes 1988. Quantitative-analysis of radiocesium retention in soils. *Nature* 335 : 247-249.

Degrys, F., Smolders, E. and A. Cremers 2004. Enhanced sorption and fixation of radiocaesium in soils amended with K-bentonite, submitted to wetting-drying cycles. *Euro. J. Soil Sci.* 55 : 513-522.

Delvaux, B., Kruyts, N., Maes, E. and E. Smolders 2001. Fate of radiocesium in soil and rhizosphere. In : Gobran GR, Wenzel WW and Lombi E (ed) *Trace elements in the rhizosphere*, 61-91. CRC.

Fawaris, B.H. and K.J. Johanson 1995. Sorption of ^{137}Cs from undisturbed forest soil in a zeolite trap. *Sci. Total Environ.* 172 : 251-256.

Francis, C.W. and F.S. Brinkley 1976. Preferential adsorption of ^{137}Cs to micaceous minerals in contaminated freshwater sediment. *Nature* 260 : 511-513.

Fukuyama, T., Takenaka, C. and Y. Onda 2005. ^{137}Cs loss via soil erosion from a mountainous headwater catchment in central Japan. *Sci. Total Environ.* 350 : 238-247.

Jones, D.R., Paul, L. and N.G. Mitchell 1999. Effects of ameliorative measures on the radiocaesium transfer to upland vegetation in the UK. *J. Environ. Radioact.* 44 : 55-69.

駒村美佐子・津村昭人・山口紀子・藤原英司・木方展治・小平潔 2006. わが国の米, 麦および土壌における ^{90}Sr と ^{137}Cs 濃度の長期モニタリングと変動解析. 農業環境技術研究所報告. 24 : 1-21.

Maes, A., Verheyden, D. and A. Cremers 1985. Formation of highly selective cesium-exchange sites in montmorillonites. *Clays Clay Miner.* 33 : 251-257.

Nakao, A., Thiry, Y., Funakawa, S. and T. Kosaki 2008. Characterization of the frayed edge site of micaceous minerals in soil clays influenced by different pedogenetic conditions in Japan and northern Thailand. *Soil Sci. Plant Nutr.* 54 : 479-489.

Nakao, A., Funakawa, S., Watanabe, T. and T. Kosaki 2009a. Pedogenic alterations of illitic minerals represented by Radiocaesium Interception Potential in soils with different soil moisture regimes in humid Asia. *Euro. J. Soil Sci.* 60 : 139-152.

Nakao, A., Funakawa, S. and T. Kosaki 2009b. Hydroxy-Al polymers block the frayed edge sites of illitic minerals in acid soils : studies in southwestern Japan at various weathering stages. *Euro. J. Soil Sci.* 60 : 127-138.

Nakao, A., Takeda, A., Tsukada, H., Funakawa, S. and T. Kosaki 2011. Potassium saturation and wet-dry repetition treatment for multiplication of cesium-selective sites in smectitic soils in Japan : Comparison between smectitic and allophonic soils. *Jpn. J. Soil Sci. Plant Nutr.* 82 : 290-297.

Rosén, K. 1991. Effects of potassium fertilization on cesium transfer to grass, barley and vegetables after Chernobyl. In : Moberg, L. (ed) *The Chernobyl fallout in Sweden*, 305-322. Swedish Radiation Protection Institute. Stockholm.

Rosén, K., Öborn, I. and H. Lönsjö 1999. Migration of radiocaesium in Swedish soil profiles after the Chernobyl accident, 1987-1995. *J. Environ. Radioact.* 46 : 45-66.

Sawhney, B.L. 1972. Selective sorption and fixation of cations by clay minerals : a review. *Clays Clay Miner.* 20 : 93-100.

Seaman, J.C., Meehan, T. and P.M.Bertsch 2001. Immobilization of cesium-137 and uranium in contaminated sediments using soil amendments. *J. Environ. Qual.* 30 : 1206-1213.

Smolders, E., K. Vandenbrande and R. Merckx 1997. Concentrations of Cs-137 and K in soil solution predict the plant availability of Cs-137 in soils. *Environ. Sci. Technol.* 31 : 3432-3438.

天正清・葉可霖・三井進午 1961. 水稲による特異的セシウム吸収の機構. 土肥誌 32 : 139-144.

Vandebroek, L., M. Van Hees, B. Delvaux, O. Spaargaren and Y. Thiry 2012. Relevance of Radiocaesium Interception Potential (RIP) on a worldwide scale to assess soil vulnerability to 137Cs contamination. *J. Environ. Radioact.* 104 : 87-93.

Vandenhove, H., Smolders, E. and A. Cremers 2003. Potassium bentonites reduce radiocesium availability to plants. *Euro. J. Soil Sci.* 54 : 91-102.

Wauters, J., A. Elsen, A. Cremers, A.V. Konoplev, A.A. Bulgakov and R.N.J. Comans 1996. Prediction of solid/liquid distribution coefficients of radiocaesium in soils and sediments.1. A simplified procedure for the solid phase characterisation. *Appl. Geochem.* 11 : 589-594.

農における業（なりわい）と業（ごう）の調整 —総合討論から—

小崎　隆
シンポジウム座長
首都大学東京

　産業革命以後 200 年，人類は化石エネルギーの消費をはじめとしたエネルギー多投産業構造を構築し，農業社会から技術社会への脱皮を成し遂げた．しかし，その期間における人類の生産活動によって，現在地球上では，温暖化や砂漠化および土壌汚染などに代表される環境問題が深刻化している．そして，これらの環境破壊は，土地の持つ扶養力や土壌の浄化機能を著しく劣化させ，農業生産に打撃を与えるとともに，21 世紀における全生命体の生存基盤を危うくしている．このような状況の中で，3 月 11 日発生した東北地方太平洋沖地震（3.11）は津波と原発事故を引き起こし，農業生産を含む私たちの身のまわりに未曾有の被害を与えた．本シンポジウムでは，地球上の異なる生態系にみられる様々な環境劣化プロセスを取り上げ，劣化した環境を修復し保全するための手法を実証的に明らかにし，それぞれの環境と調和した 21 世紀の自然資源利用のあり方を社会へ提言することを目的とした．また，同時に，それぞれの課題の中で，可能な限り 3.11 からの復興に向けて，農学の役割に言及していただいた．特に，第 3 部においては，3.11 によって引き起こされた津波による海岸林の被害および土壌の放射能汚染を取り上げ，早急の復旧・復興を目指して，科学者の視点から考察できたのではないかと思われる．

　本シンポジウムの「第 1 部　環境劣化と修復のメカニズム」では，小林先生，今井先生，山中先生から，それぞれ砂漠化，赤潮，火山災害による劣化と修復のメカニズムを，「第 2 部　環境の保全と修復を実践する農学」では，牧野先生，

渡邉先生,林先生より,土壌汚染,土壌塩害,脆弱な土地資源環境への実践的対策とその課題を,最後に「第3部 大震災からの復興に向けて」では,日本中のみならず世界中の大きな関心を集めている 3.11 による環境劣化,特に津波被害と放射能汚染の実態とそれへの対策に関する理論と実践について,最新情報を交えてご講演いただいた.その詳細は前述のとおりである.それぞれ第1部から第3部において,表題のような特徴を持たせてお話いただいたが,取り扱う問題が多岐に亘っていたこともあり,それぞれのご講演の中に「理論から実践へ」を十分に取り入れていただいたので,参加者の皆様には,個々の問題を単なる「一側面」ではなく「ストーリー」としてご理解いただけたものと期待している.

それぞれのご講演を受けて,総合討論では,まず,参加者の皆様を交えて,個々の話題に関する議論を深めた.そのいくつかについて,ここでご紹介しておきたい.まず,「赤潮」に関しては,発生抑制の要因としてアマモのアレロパシーの可能性について議論されたが,その効果を否定することはできないものの,貢献度は低く,むしろアマモに付着する微生物が大きな役割を果たしている可能性が大きいこと,それ故,アマモ場に限らずヨシ帯を回復することによっても,そこに生息する殺藻細菌が赤潮を制御することができる例があることが明らかにされた.また,富栄養化に関しては,河口堰を含む過剰な対策は漁業振興にとってはマイナス要因ともなり,「適正レベル」の対策が望まれることも指摘された.

「土壌塩害」を制御する(灌漑)水のダイナミックスに関しては,地域あるいは地球スケールで対応する際には,実際に特定の現場で動く水そのもののみならず,作物や飼料の輸出入とともに移動するバーチャルウオーターの把握やウオーターフットプリントなどの概念を用いた広義の水のダイナミックスの定量的把握が不可欠であることが議論された.また,劣化環境の修復としての植生回復には,生物多様性などに配慮しつつ,在来のバイオタイプによることを基本としていることが追加して報告された.

「放射能による環境汚染」に関しては,3.11 により発生した後,現在も大きな脅威であり続けていることもあり,参加者の皆様には大変ご興味をお持ちいただいた.中でも,長期的に汚染源であり続ける放射性セシウムの土壌による固定能

の評価方法については，RIP の代替としてより簡便に分析し得る粘土含量の可能性が論じられた．その結果，ヨーロッパなどに地域を限定した場合には粘土含量による置き換えも可能であるが，現段階ではわが国を含むアジア地域にそのままの形で適用することには難があり，今後更なる精度の良い予測のためには，より広範なパラメーターの探索が必要であるとの判断がなされた．また，土壌にスメクタイトなどの膨潤型粘土鉱物を施用することにより，セシウムの土壌による吸着能を増大させることの可能性や有機物を多量に含む黒ボク土を加熱することにより，土壌有機物の活性表面の疎水性が増加し，吸着されたセシウムが環境へ放出あるいは植物へ移行し難くなる（放射能汚染の低減）可能性など，今後の研究テーマの多様性と面白さが議論され，若手研究者の知的好奇心も刺激されたのではないかと大いに期待している．

　それぞれの先生方から提供いただいた話題に関して議論が深められた後，それらに基づいて，環境と調和した 21 世紀の自然資源利用を実践していくために，今，農学（研究者）は何をなすべきかについて，ご講演いただいた先生方からご提言をいただいた．

　すなわち，小林先生からは「当該地域住民への理解促進とそれに基づいた（アダプティブな）自立的修復と保全活動の支援」と「経済性優先の危険性の喚起」，今井先生からは「藻場やアマモ場などの再生に代表される科学的に裏付けされた（ハイテクならぬ）ローテクによる環境修復と保全」，山中先生からは「在来の植物や微生物種を用いて遺伝的かく乱を起こさないような修復法の開発」，牧野先生からは「実用性と安全性を担保するための多様な修復メニューの提示」と「海外との研究ネットワークの構築」および「行政への提言」，渡邉先生からは「生産者，消費者，企業，行政への判断材料（マネジメントインスツルメント）の提示」と「農学内でのディシプリンの連携」ならびに「潜在的研究者や支援者への知的好奇心の喚起と支援」，林先生からは「生態系を森・里・川・海の連携である流域単位で把握し対応することの重要性」と「バランスのとれた産業振興と環境保全」，坂本先生からは「流域単位の総合管理の困難さゆえに，個々の場での現実的適正（＝やりすぎない程度の）保全・修復の必要性」，最後に中尾先生からは「農学外を含めた異分野間の研究融合」と「研究者と一般大衆との協活動」

が挙げられた．私の独断と偏見をお許しいただくならば，1）農学の内外における他分野の研究者，さらには在野のマンパワーとの連携，2）様々な生態・社会・文化環境のそれぞれに対応した（アダプティブな）対策の構築と住民教育，3）対策構築の際の適切なスケール（流域，個々の生態系，圃場など）設定，4）保全と開発（＝環境と経済）の絶妙なバランス構築のためのステークホルダーへの判断材料の提示と（行政への）政策提言，などの必要性が総合討論の中で強調されたと纏めておきたい．

　本シンポジウムは私が所属する日本ペドロジー学会から提案し，運営委員会の皆様のご協力の下でシェイプアップされ，「環境の修復に貢献する農学研究」と相成った．まことに「かっこいい」，「頼り甲斐のある」タイトルであり，自分ながら「よしよし」と思いたいところではあるが，どうもそうではない．私は，自分たちで提案しておきながら，少し「気恥ずかしい」というか「後ろめたい」感じを持ってしまう．それは何故なのであろうか．
　このタイトルをみて真っ先に思い浮かぶのは，1940〜60 年台のアメリカ製西部劇映画の一場面である．アメリカの開拓農民に襲いかかるインディアン，それを颯爽と救出に向かう騎兵隊の姿がこのタイトルに重なる．設定は西部劇でなくても，水戸黄門漫遊記やスーパーマンでも構わない．要は勧善懲悪＋ハッピーエンドのステレオタイプが重なるのである．しかし，本シンポジウムのテーマはそう簡単ではない．環境の保全と修復の「方法」が簡単ではない，という意味ではなく，「農学研究（者）」はジョン・ウェインでも，黄門様でも，スーパーマンでもない．すなわち私たちは完全無欠な「善玉・スーパーヒーロー」ではない．もっと端的に言うなれば，私たちは「悪玉・犯人・元凶・加害者」でもある．20世紀に生きた人間は，今日の地球・地域環境問題（環境の劣化）に関して，意識的あるいは無意識的に片棒を担いで，あるいは，担がされてきた．それは原罪と言っても過言ではない．そのような当事者意識を持って，今何をしなければならないか，どのように責任を取らねばならないか，を考えなければならない．決して，次世代へこのツケを回してはいけない．それを私に気付かせてくれたのが 3.11 であった．

このシンポジウムの提案は 3.11 が起こる前の 2010 年末で，私はまさにジョン・ウェインか黄門様かスーパーマンのつもりでこのシンポジウムの企画を考えていたように思う．今思えば当事者意識が希薄であった．3.11 の津波，その後の原発事故による放射能汚染を含む地球・地域環境問題は，その原因の 90%以上は人為である．それには農業と関わる私たちの所業も直接的に含まれることがある．さらに一般化して考えれば，グローバル化のもとに現在を生きているすべての人類の生き方，考え方が原因ではないか．自分とその周りの物質的な豊かさ（快楽か）を「もっと，もっと」と求めて，例えば農作物の新たなマーケットとなるべき餌食を求めながら，ハイエナのごとく彷徨いつつも，その本質を「持続的発展」というペンキで糊塗している人間の「業（ごう）」が原因ではないのか．これに対して，「農」は「業（なりわい）」であり，他の産業とは違う，との反論もあろう．確かに，人間の衣食住を確保する手段であるという点で，また，世界の諸民族のアイデンティティを構築する上での重要性を否定するつもりは毛頭ない．しかし，農業は狩猟採取とは異なり，自然資源あるいは環境の犠牲の上に，また，それを加速度的に激化させながら，「なりわい」の看板を掲げているのも事実である．そうでなければ，余剰生産物を元手にした強大国家の建設や様々な芸術・文化が花開き，科学が発達することもあり得なかったであろうから．なにやら袈裟（なりわい）の下に鎧（ごう）が見え隠れする時があるのは平清盛だけでないのではと思うのは私だけだろうか．要するに，私たちの文明は，意識的にか，あるいは，試行錯誤的にかは定かではないが，「農における業（なりわい）と業（ごう）の際どいバランス」の上に築かれてきた．過去においては，それでは将来や如何に．これまでと同じようなスタンスではややオプティミスティックに過ぎるような気が私にはしている．なぜならば，現代人の「業（ごう）」はより深くなり，それを具現化するツール，すなわち科学的知見と技術のオプションは 100 年前とは比較にならないくらい強大かつ多様であるからである．私たちは今こそ，意識的に，方向性を持って，強い意志で「農における業（なりわい）と業（ごう）を調整」するために農学研究を推進する時に来ていると思う．そうでなければ，環境の保全と修復は「夢のまた夢」に過ぎず，農学（研究者）はダースベーダーやペンギン・マンを演じることになる．

著者プロフィール

敬称略・五十音順

【石川　覚（いしかわ　さとる）】
　岩手大学大学院連合農学研究科博士課程修了．国際半乾燥熱帯作物研究所特別研究員，日本学術振興会特別研究員，（独）農業環境技術研究所任期付研究員を経て，現在，農業環境技術研究所主任研究員．専門分野は植物栄養学．

【今井　一郎（いまい　いちろう）】
　京都大学農学部修士課程修了，同博士課程中退．水産庁南西海区水産研究所研究員，主任研究官，研究室長，京都大学大学院農学研究科助教授，同地球環境学堂助教授を経て，現在，北海道大学大学院水産科学研究院教授．専門分野はプランクトン学．

【大熊　幹章（おおくま　もとあき）】
　東京大学農学部卒業．東京大学名誉教授．専門分野は林産学・木材利用学．

【小﨑　隆（こさき　たかし）】
　京都大学大学院農学研究科博士課程修了．京都大学助手，国際熱帯農業研究所（IITA）研究員，帯広畜産大学助手，京都大学助教授，同教授を経て，現在，首都大学東京教授，京都大学名誉教授．専門分野は，土壌学，土地資源管理学，観光科学．

【小林　達明（こばやし　たつあき）】
　京都大学大学院農学研究科博士前期課程修了，同後期課程中退．千葉大学園芸学部助手，同助教授を経て，現在，同大学院園芸学研究科教授．専門分野は緑地環境学，再生生態学．

【坂本　知己（さかもと　ともき）】
　北海道大学大学院農学研究科修士課程修了．農林水産省林野庁林業試験場北海道支場防災研究室を経て，現在，独立行政法人森林総合研究所気象環境研究領域気象害・防災林研究室室長．専門分野は海岸砂防．

【中尾　淳（なかお　あつし）】
　京都大学大学院農学研究科修士課程修了，博士課程中退．京都大学大学院地球環境学堂研究員（科学研究），財団法人環境科学技術研究所任期付研究員経て，現在，京都府立大学生命環境科学研究科助教．専門分野は土壌学．

【林　幸博（はやし　ゆきひろ）】
　京都大学大学院農学研究科熱帯農学専攻博士課程修了．国際熱帯農業研究所（IITA：在ナイジェリア）研究員，日本大学生物資源科学部助教授を経て，現在同大学生物資源科学部国際地域開発学科教授．専門分野は熱帯農学および農業生態学．

【牧野　知之（まきの　ともゆき）】
　東北大学大学院農学研究科博士前期課程修了．三菱石油株式会社開発研究所研究員，（独）農業環境技術研究所研究員を経て，現在，（独）農業環境技術研究所有害化学物質リサーチプロジェクトリーダー．専門分野は土壌学．

【村上　政治（むらかみ　まさはる）】
　京都大学大学院農学研究科博士後期課程中退．（独）農業環境技術研究所研究員を経て，現在，（独）農業環境技術研究所主任研究員．専門分野は土壌学．

【山中　高史（やまなか　たかし）】
　京都大学大学院農学研究科修士課程修了．農林水産省森林総合研究所研究員，オレゴン州立大学森林科学部客員研究員，（独）森林総合研究所主任研究員，農林水産省農林水産技術会議事務局研究調査官を経て，現在，（独）森林総合研究所研究チーム長．専門分野は森林微生物学．

【渡邉　紹裕（わたなべ　つぎひろ）】
　京都大学大学院農学研究科博士後期課程修了．京都大学助手および助教授，大阪府立大学助教授，総合地球環境学研究所研究部研究推進戦略センター教授を経て，現在，総合地球環境学研究所研究部教授・副所長．専門分野は農業工学（灌漑排水学），地球環境学．

[R] 〈学術著作権協会委託〉

2012　　2012年4月5日　第1版発行

シリーズ21世紀の農学
環境の保全と修復に
貢献する農学研究

著者との申
し合せによ
り検印省略

編　著　者　日　本　農　学　会

ⓒ著作権所有

発　行　者　株式会社　養　賢　堂
　　　　　　代　表　者　及　川　　清

定価（本体1905円＋税）

印　刷　者　株式会社　丸井工文社
　　　　　　責　任　者　今井晋太郎

発　行　所　〒113-0033　東京都文京区本郷5丁目30番15号
　　　　　　株式
　　　　　　会社　養　賢　堂
　　　　　　TEL 東京(03) 3814-0911　振替00120
　　　　　　FAX 東京(03) 3812-2615　7-25700
　　　　　　URL http://www.yokendo.co.jp/

ISBN978-4-8425-0499-5　C3061

PRINTED IN JAPAN　　　　製本所　株式会社丸井工文社

本書の無断複写は、著作権法上での例外を除き、禁じられています。
本書からの複写許諾は、学術著作権協会（〒107-0052 東京都港区赤
坂9-6-41 乃木坂ビル、電話03-3475-5618・FAX03-3475-5619)
から得てください。